# 碳基磁性复合材料的
# 制备及其电磁学性能分析

布和巴特尔　张　冬　著

北　京
冶　金　工　业　出　版　社
2025

## 内容提要

本书分为6章，分别介绍了电磁波吸收材料的现状和分类、碳基电磁波吸收材料的制备方法、$Ni_2P$/CNTs的可控制备及其电磁波吸收特性分析、钴纳米颗粒/氮掺杂石墨烯复合材料的制备及其电磁波吸收性能分析、$NiFe_2O_4$/RGO复合材料的制备及其电磁波吸收特性、用于强宽带电磁波吸收的铁磁/反铁磁/半导体多界面材料设计等内容。全书系统地介绍了不同磁性金属纳米颗粒及其碳基复合材料的制备和电磁学性能分析。

本书可供从事电磁学领域科研工作人员阅读参考，也可作为高等院校电气工程专业电磁学课程的参考书。

**图书在版编目（CIP）数据**

碳基磁性复合材料的制备及其电磁学性能分析 / 布和巴特尔，张冬著. -- 北京 ：冶金工业出版社，2025. 2. -- ISBN 978-7-5240-0055-6

Ⅰ. TB383

中国国家版本馆 CIP 数据核字第 2024KL2507 号

**碳基磁性复合材料的制备及其电磁学性能分析**

**出版发行** 冶金工业出版社　**电　话** (010)64027926
**地　址** 北京市东城区嵩祝院北巷39号　**邮　编** 100009
**网　址** www.mip1953.com　**电子信箱** service@mip1953.com

责任编辑 杨盈园　美术编辑 彭子赫　版式设计 郑小利
责任校对 梁江凤　责任印制 窦　唯
三河市双峰印刷装订有限公司印刷
2025年2月第1版，2025年2月第1次印刷
710mm×1000mm　1/16；8.75印张；149千字；131页
**定价 78.00 元**

**投稿电话** **(010)64027932**　**投稿信箱** **tougao@cnmip.com.cn**
**营销中心电话** **(010)64044283**
**冶金工业出版社天猫旗舰店** **yjgycbs.tmall.com**
（本书如有印装质量问题，本社营销中心负责退换）

# 前　言

电子技术的广泛应用以及无线电广播、移动电话、电视、微波技术等产业的迅速发展和普及使射频设备的功率成倍提高，地面上的电磁辐射也随之大幅增加。人类生活环境中的电磁辐射不断增多，已成为新的污染方式。电磁波不仅对高精尖电子设备极易形成干扰而影响数据的传输及准确性，而且也会对人体产生严重影响。长期、过量的电磁辐射（电磁污染）会对人体的生殖系统、神经系统、免疫系统造成伤害，同时也会影响儿童的发育。电磁污染是一种无形的污染，电磁辐射对人体的危害主要有热效应、非热效应、累积效应三种，已达到可以直接威胁人体健康的程度，给人类社会带来的不良影响已引起世界各国重视，被列为重要环境保护项目之一。因而，当今社会迫切需要高效的电磁波吸收材料，以满足电磁波污染防护和军事工业的发展需求。

本书基于密度泛函理论系统地计算了表面电子结构特性及介电函数（实部和虚部），揭示了纳米晶体种类以及表面吸附能、电子结构等对电磁波吸收性能的影响，磁矩转动与外射频率共振引起的吸收能量关系，为硫化物的结构设计和定向合成提供理论依据。利用希莱克技术，制备过渡金属硫化物、磷化物、氧化纳米晶体。通过不同金属源（$NiCl_2$、$FeCl_3$、$CoSO_4$、$Fe(Ac)_3$ 等）和硫磷源作为反应物，选择不同沸点有机溶剂（十八烯、油胺、三辛基氧化膦、十六烷二醇等），通过控制反应温度和反应时间，得到不同尺寸、形貌的高结晶度过渡金属硫化物、磷化物、氧化纳米晶体。确定纳米颗粒的反应工艺条件后，在制备过程或纳米颗粒形成后将碳材料注入反应体系中得到磁性纳米颗粒/碳基复合材料。利用以上工艺制备了 $Ni_2P$/碳纳米管、Co/N-石墨

烯和 $NiFe_2O_4$/石墨烯复合材料，通过测试电磁性能发现，$Ni_2P$/碳纳米管在 30% 填充量时仍然具有良好的吸波性能，其最小的反射损耗值为 −51.8 dB。微波吸收性能表明，$NiFe_2O_4$/石墨烯复合材料在 X 波段表现出优异的微波吸收性能，最小反射损耗值在 9.2 GHz 下为 −27.7 dB。Co/N-石墨烯在 KU 波段有很好的电磁波吸收性能。

本书分为 6 章，系统地介绍了不同磁性金属纳米颗粒及其碳基复合材料的制备和电磁学性能分析。

参加本书编写工作的有东北石油大学的布和巴特尔和哈尔滨理工大学的张冬，布和巴特尔编写了第 1、2、6 章，张冬编写了第 3、4、5 章，布和巴特尔负责全书统稿。感谢东北石油大学、哈尔滨理工大学电气与电子工程学院和黑龙江工程学院材料科学与工程学院在本书编写过程中提供的大力支持。感谢张贺、陈亚龙、郭坤、曹鼎铭等人为全书文字审核校对、插图表格绘制等所作的大量工作。

由于作者水平所限，书中不妥之处，敬请广大读者批评指正。

作　者

2024 年 3 月

# 目　　录

# 1 绪　　论

## 1.1 引　　言

电磁波是由同相且互相垂直的电场与磁场在空间中衍生发射的振荡粒子波，是以波动的形式传播的电磁场，具有波粒二象性。由同相振荡且互相垂直的电场与磁场在空间中以波的形式移动，其传播方向垂直于电场与磁场构成的平面。电磁波在真空中速率固定，速度为光速。从麦克斯韦方程组可知，电磁波伴随的电场方向、磁场方向、传播方向三者互相垂直，因此电磁波是横波。当其能阶跃迁过辐射临界点，便以光的形式向外辐射，此阶段的波体为光子。太阳光是电磁波的一种可见的辐射形态，电磁波不依靠介质传播，在真空中的传播速度等同于光速。随着电子技术的发展，微波信息对人类的生活优化起到了非常重要的作用。电子技术的广泛应用以及无线电广播、移动电话、电视以及微波技术等产业的迅速发展和普及，使射频设备的功率成倍提高，地面上的电磁辐射也随之大幅增加（图 1-1）。因此，人类生活环境中的电磁辐射也在不断增多，已成为新的污染方式。

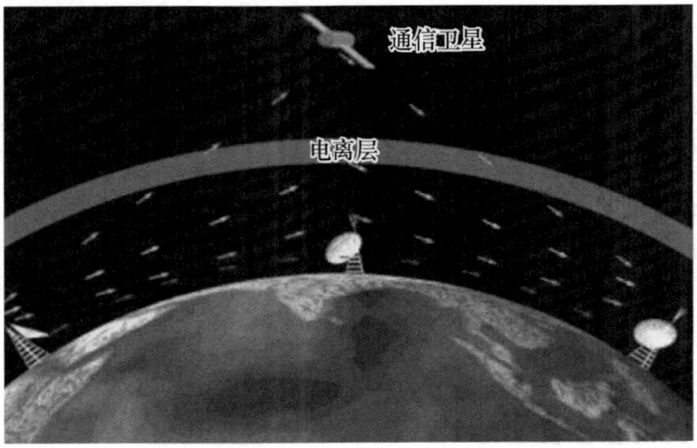


(a)

(b)

(c)

(d)

图 1-1 电磁波在电子技术中的应用

（a）无线电通信；（b）移动通信；（c）智能网络；（d）电子元件

电磁波不仅对高精尖电子设备极易形成干扰而影响数据的传输及准确性，而且也会对人体产生严重影响。长期、过量的电磁辐射（电磁污染）会对人体的生殖系统、神经系统、免疫系统造成伤害，同时也会影响儿童的发育。电磁污染是一种无形的污染，电磁辐射对人体的危害主要有热效应、非热效应、累积效应三种，已达到可以直接威胁人体健康的程度，给人类社会带来的影响已引起世界各国重视，被列为重要环境保护项目之一（图 1-2）。

(a)

(b)

(c)

(d)

图 1-2　电磁波在人类生活中的污染

(a) 高压输电系统的电磁波污染；(b) 微波信号塔的电磁波污染；
(c) 各种电子设备的电磁波污染；
(d) 移动电话的电磁波污染

另外，军事电子对抗和隐身武器方面的应用发展，更促进了对吸波材料的研究和开发，实现军事目标隐身对于提高武器系统的生存和防打击能力都有重要的意义。近 20 年，很多科技强国都对吸波材料的研发增大了投入，如图 1-3 所示。

综上所述，当今社会追切需要高效的电磁波吸收材料，以满足电磁波污染防护和军事工业的发展的需求。

(a)

(b)

(c)

(d)

图 1-3　电磁波吸收器在军事领域的应用

(a)(b) 战斗机；(c) 卫星；(d) 坦克

## 1.2 电磁波介绍

电磁波伴随的电场方向、磁场方向、传播方向三者互相垂直，因此电磁波是横波。当其能阶跃迁过辐射临界点，便以光的形式向外辐射，此阶段波体为光子，太阳光是电磁波的一种可见的辐射形态，电磁波不依靠介质传播，在真空中的传播速度等同于光速。电磁辐射由低频率到高频率，主要分为无线电波、微波、红外线、可见光、紫外线、X 射线和 $\gamma$ 射线。人眼可接收到的电磁波，称为可见光（波长 380～780 nm）。电磁辐射量与温度有关，通常高于绝对零度的物质或粒子都有电磁辐射，温度越高辐射量越大，但大多不能被肉眼观察到。

频率是电磁波的重要特性。按照频率的顺序把这些电磁波排列起来，就是电磁波谱。如图 1-4 所示，如果把每个波段的频率由低至高依次排列，它们是无线

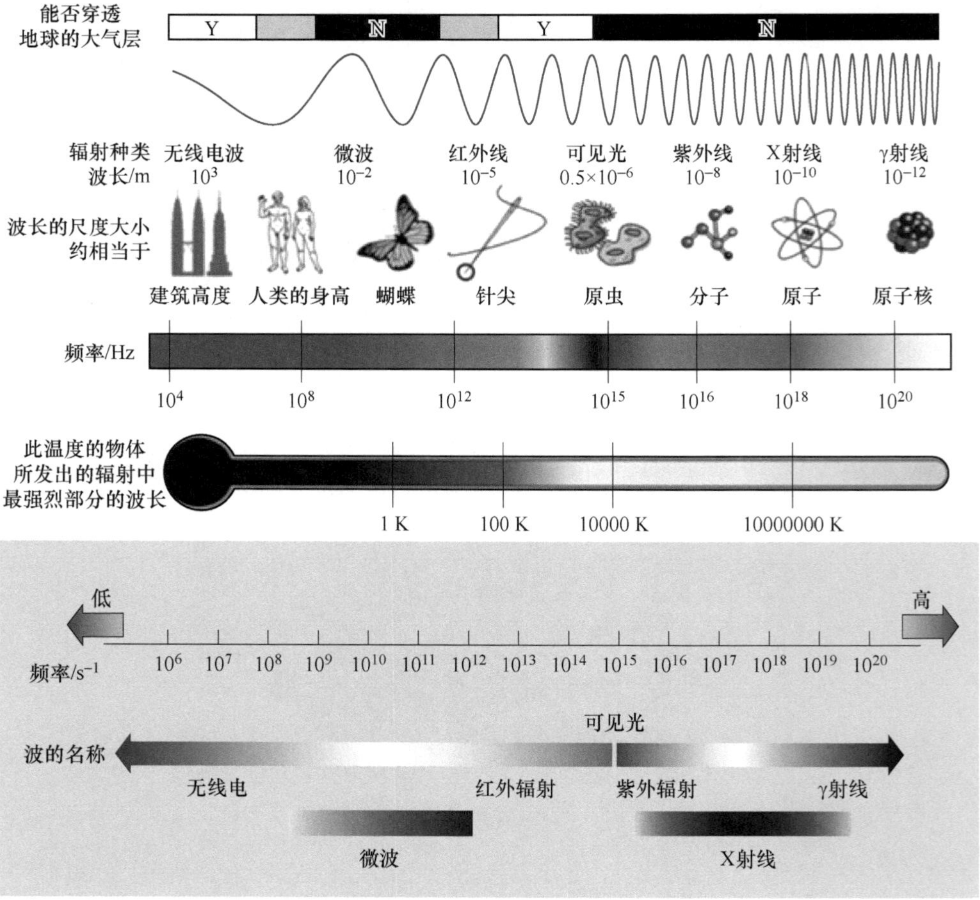


图 1-4 不同波段电磁波谱的相关信息

电波、微波、红外线、可见光、紫外线、X 射线及 γ 射线。通常意义上所指有电磁辐射特性的电磁波是指无线电波、微波、红外线、可见光、紫外线。而 X 射线及 γ 射线通常被认为是放射性辐射特性的。

电磁波是电磁场的一种运动形态。电与磁可以说是一体两面，变化的电场会产生磁场（即电流会产生磁场），变化的磁场则会产生电场。变化的电场和变化的磁场构成了一个不可分离的统一的场，这就是电磁场，而变化的电磁场在空间的传播形成了电磁波，电磁的变动就如同微风轻拂水面产生水波一般，因此被称为电磁波，也常称为电波（图 1-5）。

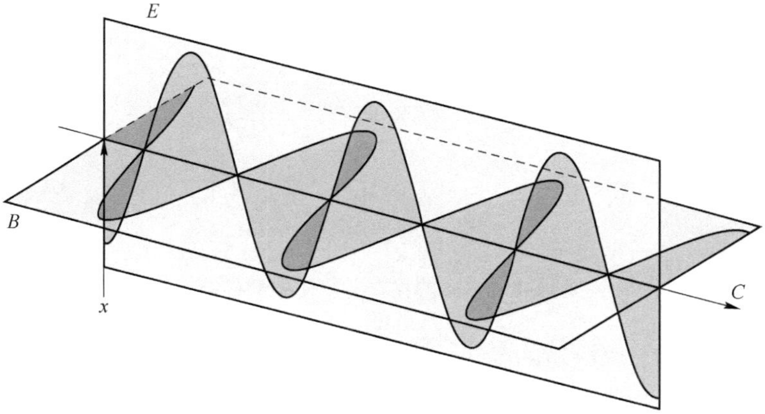


图 1-5 在非有损介质中的平面电磁波谱传输

*E*—电场；*B*—磁场；*C*—传播方向

电磁波首先由詹姆斯·麦克斯韦于 1865 年预测出来，而后由德国物理学家海因里希·赫兹于 1887 年至 1888 年间在实验中证实存在。麦克斯韦推导出的电磁波方程是一种波动方程，它清楚地显示出电场和磁场的波动本质。因为电磁波方程预测的电磁波速度与光速的测量值相等，麦克斯韦推论光波也是电磁波。

电磁波频率低时，主要借助有形的导电体才能传递（图 1-6）。原因是在低频的电振荡中，磁电之间的相互转化比较缓慢，其能量几乎全部返回原电路而没有能量辐射出去；电磁波频率高时即可以在自由空间内传递，也可以束缚在有形的导电体内传递。在自由空间内传递的原因是在高频率的电振荡中，磁电互换甚快，能量不可能全部返回原振荡电路，于是电能、磁能随着电场与磁场的周期变化以电磁波的形式向空间传播出去，不需要介质也能向外传递能量，这就是一种辐射。举例来说，太阳与地球之间的距离非常遥远，但在户外时，人们仍然能感受到太阳的光与热，这就好比“电磁辐射借由辐射现象传递能量”的原理一样。

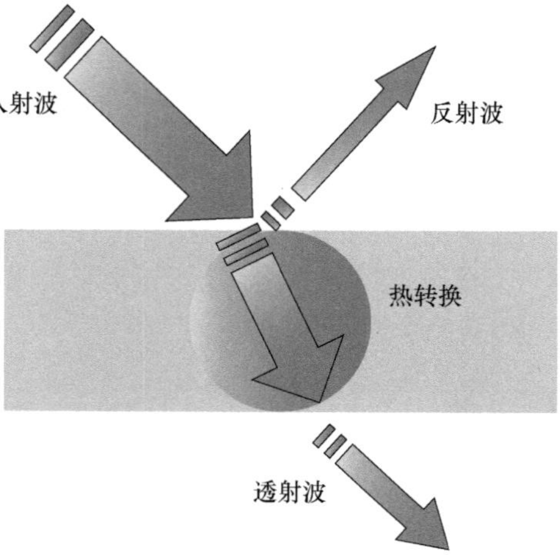


图 1-6　电磁波在有耗介质中的传播

电磁波为横波。电磁波的磁场、电场及其行进方向三者互相垂直。振幅沿传播方向的垂直方向作周期性交变，其强度与距离的平方成反比，电磁波本身带动能量，任何位置的能量功率与振幅的平方成正比。其速度等于光速 $c(3\times10^8\ \text{m/s})$。在空间传播的电磁波，距离最近的电场（磁场）强度方向相同，其量值最大两点之间的距离，就是电磁波的波长 $\lambda$，电磁每秒钟变动的次数便是频率 $f$。三者之间的关系可通过公式 $c=\lambda f$。电磁波的传播不需要介质，同频率的电磁波，在不同介质中的速度不同。不同频率的电磁波，在同一种介质中传播时，频率越大折射率越大，速度越小。且电磁波只有在同种均匀介质中才能沿直线传播，若同一种介质是不均匀的，电磁波在其中的折射率是不一样的，在这样的介质中是沿曲线传播的。通过不同介质时，会发生折射、反射、绕射、散射及吸收等（图 1-6）。电磁波的传播有沿地面传播的地面波，还有从空中传播的空中电磁波以及天波。波长越长，其衰减也越少，电磁波的波长越长也越容易绕过障碍物继续传播。机械波与电磁波都能发生折射、反射、衍射、干涉，这是因为所有的波都具有波粒二相性。其中，折射、反射属于粒子性，衍射、干涉为波动性。

## 1.3 电磁波应用

无线电广播与电视都是利用电磁波来进行的。在无线电广播中，人们先将声音信号转变为电信号，然后将这些信号由高频振荡的电磁波带着向周围空间传播。而在另一地点，人们利用接收机接收到这些电磁波后，又将其中的电信号还原成声音信号，这就是无线广播的大致过程。而在电视中，除了要像无线广播中那样处理声音信号外，还要将图像的光信号转变为电信号，然后也将这两种信号一起由高频振荡的电磁波带着向周围空间传播，而电视接收机接收到这些电磁波后又将其中的电信号还原成声音信号和光信号，从而显示出电视的画面和喇叭里的声音。

电磁波的电场（或磁场）随时间变化，具有周期性。在一个振荡周期中传播的距离称为波长。振荡周期的倒数，即每秒钟振动（变化）的次数称为频率。

很显然，波长与频率的乘积就是每秒钟传播的距离，即波速。令波长为 $\lambda$，频率为 $f$，速度为 $V$，得：$\lambda = V/f$，波长 $\lambda$ 的单位是米（m），速度 $V$ 的单位是米/秒（m/s），频率 $f$ 的单位为赫兹（Hertz，Hz）。在 19 世纪末，意大利人马可尼和俄国人波波夫同在 1895 年进行了无线电通信试验。在此后的 100 年间，从 3 kHz 直到 3000 GHz 频谱被认识、开发和逐步利用。根据不同的传播特性，不同的使用业务，对整个无线电频谱进行划分，共分 9 段：甚低频（VLF）、低频（LF）、中频（MF）、高频（HF）、甚高频（VHF）、特高频（uHF）、超高频（sHF）、极高频（EHF）和至高频（THF），对应的波段从甚（超）长波、长波、中波、短波、米波、分米波、厘米波、毫米波和丝米波（后 4 种统称为微波）。

特定电磁波谱是由特定的加热器对治疗板产生的波长范围在 2 ~ 25 μm，辐射强度范围 28 ~ 35 $mw/cm^2$ 内分布的特定电磁波，当人体匹配接收后与体内细胞所含相同物质产生谐振，因而可增强微循环作用，促进新陈代谢，对人体病变具有修复功能，使病患者能迅速康复，非病患者能提高自身的抵抗能力。

例如国仁特定电磁波治疗器械有限公司在经大量临床试验的基础上，确认特定电磁波谱的照射可应用于治疗颈椎病、腰椎间盘突出、腰痛、腰肌劳损、风湿关节炎、坐骨神经痛、面神经麻痹、术后伤口愈合、外伤感染、冻疮、胃炎、横膈膜痉挛、神经性皮炎、湿疹、偏头痛、头痛、痛经、痔疮等。被广泛应用到外科、内科、妇科、儿科、神经科及其他疾病。同时经过国家计量科学院等权威机构的精确测定，证实对人体无任何副作用。

电磁波为横波。电磁波的磁场、电场及其行进方向三者互相垂直。振幅沿传播方向的垂直方向作周期性交变，其强度与距离的平方成反比，电磁波本身带动能量，任何位置的能量功率与振幅的平方成正比。通过不同介质时，会发生折射、反射、绕射、散射及吸收等。电磁波的传播有沿地面传播的地面波，还有从空中传播的空中电磁波以及天波。波长越长其衰减也越少，电磁波的波长越长也越容易绕过障碍物继续传播。电磁波为横波，可用于探测、定位、通信等。

无线电广播与电视都是利用电磁波来进行的。在无线电广播中，人们先将声音信号转变为电信号，然后将这些信号由高频振荡的电磁波带着向周围空间传播。而在另一地点，人们利用接收机接收到这些电磁波后，又将其中的电信号还原成声音信号，这就是无线广播的大致过程。而在电视中，除了要像无线广播中那样处理声音信号外，还要将图像的光信号转变为电信号，然后也将这两种信号一起由高频振荡的电磁波带着向周围空间传播，而电视接收机接收到这些电磁波后又将其中的电信号还原成声音信号和光信号，从而显示出电视的画面和喇叭里的声音。

无线电广播利用的电磁波的频率很高，范围也非常大，而电视所利用的电磁波的频率则更高，范围也更大。

此外，电磁波还应用于手机通信、卫星信号、导航、遥控、定位、家电（微波炉、电磁炉）红外波、工业、医疗器械等方面（图 1-7）。

(a)

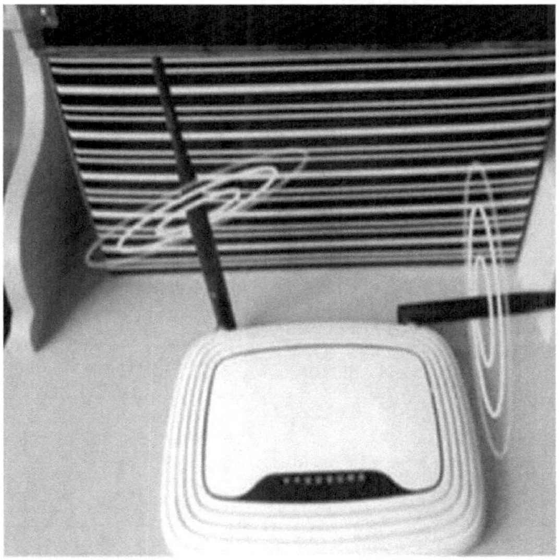

(b)

(c)

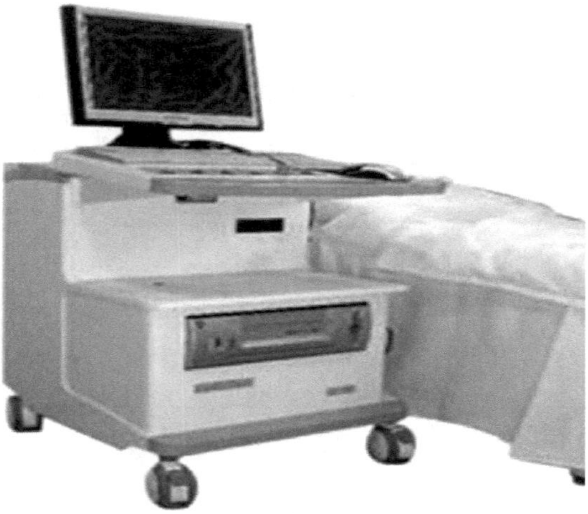

(d)

图 1-7 电磁波在生活中的应用
(a) 信号站;(b) 无线网络;(c) 食品加热;(d) 医疗器械

# 1.4 电磁波吸收与防护

## 1.4.1 电磁波吸收原理

防护电磁波危害的最佳方法就是使用电磁波吸收材料。电磁波吸收材料是指能够将入射到材料表面的电磁波能量大部分吸收并转化成其他形式的能量而几乎无反射的材料。吸波材料主要通过介电损耗和磁损耗两种方式将入射电磁波转化为其他能量,进而减少发生反射现象(图 1-8)。电损耗主要靠介质的电子极化、离子极化、分子极化或界面极化来吸收、衰减电磁波。磁损耗则主要靠磁滞损耗、畴壁共振和后效损耗等磁激化机制来引起电磁波的吸收和衰减。当电磁波入射到材料上表面时,一部分被反射回去,其余的进入材料内部。电磁波在材料内部传播时,通过感应的传导电流损耗、介电损耗和磁性损耗等把电磁波的电磁能量转化为热能等而消耗掉。电磁学研究表明,实现高效率电磁波吸收的前提是吸波材料在目标波段同时具有大小相近、数值较大的复介电常数和复磁导率。尤其,吸波材料应具有高的电磁参数虚部。从电磁波传输理论学上可知,吸波材料

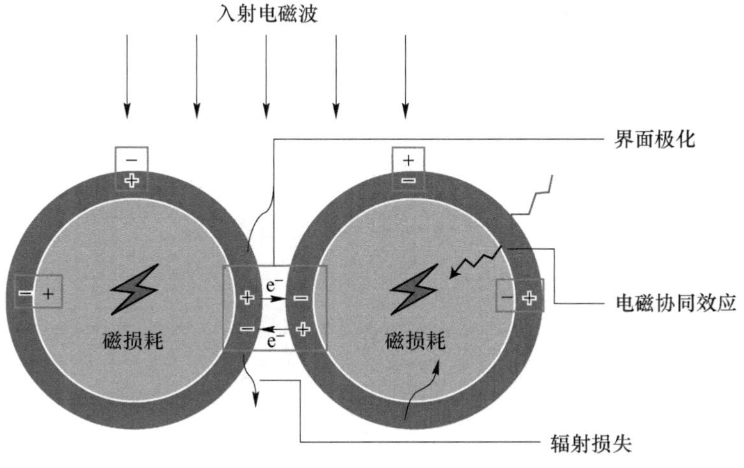


图 1-8　电磁波吸收过程

与阻抗相关的因素表示为:

$$\varepsilon_r = \varepsilon' - j\varepsilon'' \tag{1-1}$$

$$\mu_r = \mu' - j\mu'' \tag{1-2}$$

$$Z_{in} = \sqrt{\frac{\mu_r}{\varepsilon_r}}\tanh\left(j\frac{2\pi fd\sqrt{\mu_r\varepsilon_r}}{c}\right) \tag{1-3}$$

$$RL = 20\lg\left|\frac{Z_{in}Z_0}{Z_{in}+Z_0}\right| \tag{1-4}$$

其中，$Z_0$ 为空气阻抗；$Z_{in}$为输入阻抗；$\varepsilon_r$ 和 $\mu_r$ 分别为相对磁导率和相对介电常数；$\varepsilon'$和 $\varepsilon''$为介电常数的实部和虚部；$\mu'$和 $\mu''$为磁导率的实部和虚部；$f$ 为电磁波频率；$d$ 为微波吸收剂的厚度；$c$ 为电磁波传输速度，即光速；$RL$ 为电磁波反射损耗值，dB。

根据电磁波传输理论可知，反射损耗值越小，表示微波入射到吸收剂表面后反射出来的微波越弱，也就代表该吸波材料的吸波能力更强。在吸波隐身研究领域，一般把反射率损耗的值达到 −10 dB 以下的情况，认为入射的电磁波将有大于 90% 的能量被转化或被吸收，这时反射的电磁波仅有 10%，基本无法被雷达接收装置监测到，因此，这类微波吸收材料完全具有实际应用的潜力和价值。根据反射率损耗计算式（1-4）可以看出，假如反射率损耗等于 0，也就代表入射的电磁波全部进入到材料内部，这时候必须要求 $Z_0$ 和 $Z_{in}$完全相同，但是在实际情况中，微波吸收材料基本上很难实现 $Z_0$ 和 $Z_{in}$完全相同。不能实现相同，但要想获得最大反射率损耗，则需要在最大可能的波段范围内，在尽可能大的频率范围内使 $Z_0$ 和 $Z_{in}$ 数值接近，也就是空气阻抗和微波吸收剂材料的输入阻抗相匹配。一般地，在介电损耗为主或磁损耗为主的微波吸收材料来说，介电常数和磁导率的实部 $\varepsilon'$、$\mu'$ 和虚部 $\varepsilon''$、$\mu''$ 分别代表着吸收和消耗电磁波的能力。在吸波性能测试时，一般是利用测定相对磁导率和相对介电常数的值从而计算出阻抗。除此之外，电磁损耗为表征吸波材料衰减特性的重要参数，一般以电、磁损耗的正切值来体现，即电损耗正切值（$\varepsilon'/\varepsilon''$）；表征微波吸波材料的磁损耗程度的一般为磁损耗正切值（$\mu'/\mu''$），用来体现材料的磁损耗的程度。从损耗正切值的计算公式可知，当吸波材料的电磁参数虚部越大时，其相对应的正切损耗值就越大，即电磁损耗越大，也就是表现为材料的微波吸收能力很强。

### 1.4.2　电磁波吸收材料概况

吸波材料的研究，起源于 20 世纪 30 年代中期。荷兰科学家首先获得了一定的突破，成功地研制出一种电磁波吸收材料，日本科学家也于 1932 年发表了有关于铁氧体的应用专利。此时期虽然已经有了一定的关于吸波材料的研究，但是主要以理论研究为主，处于探索性阶段。吸波材料对于普通大众而言还是一个鲜为人知的科学名词。第二次世界大战期间，德国的军事学家为了使自己的潜艇能够躲避盟军的机载雷达的检测，将两种碳系吸波材料（一种含有七层碳粉纸的泡沫塑料）应用在潜望镜以及通气管上，从此拉开了吸波材料应用的序幕，成功地推动了这一领域的理论研究与实际应用的研究。吸波材料的使用，可以实现军事武器装备的雷达隐身，在提高了自身武器装备的安全性的同时也可以实现对敌方的突击。并且，随着雷达技术的成熟与在军事领域的大规模应用，吸波材料逐渐获得了各个军事强国的重视。到了 20 世纪 50 年代，美国科学家在吸波材料领域取得了重大的突破，并将制备的吸波材料成功地用在了多种型号的侦察机上（U-2、PZV-7 等），特别是著名的“黑鸟”隐身超声速侦察机（SR-71，美国洛克希德公司，M3 高空战略侦察机，1966 年服役，1990 年退役）使用了大量的吸波材料以及吸波涂层，并在各种实战中发挥了重要的作用，为空袭任务提供了准确的情报。至此，吸波材料与隐身技术进入了快速发展的阶段。因此，在随后的多年时间里，各发达国家也分别投入了大量的人力和物力，吸波方面的理论获得了不断地丰富与完善，同时也有很多吸波材料和吸波涂料相继问世。这一时期积累的设计经验以及理论，为吸波材料的发展奠定了良好的基础。随后，吸波材料迎来了黄金10年（1980—1990年），相关的研究不断深入，而吸波材料的队伍也不断壮大。在此阶段，耐高温吸波材料的研究也获得了重大进展。同时，美国军事科学家将吸波涂层与隐身结构设计成功地结合，并将其运用在了隐身轰炸机上（B-2），这样的设计思想对于设计新型高性能吸波材料具有一定的指导意义。同时，F-22隐身战斗机作为第一款服役的隐身四代战机，在科索沃战争、阿富汗战争以及伊拉克战争中都起到了重要的作用，在保证自身安全的前提下还能够实现对敌方重要的军事场所（机场、防空设施、通信、指挥系统等）的精准、快速地打击。不仅美国在吸波材料领域取得了重大的突破，吸波材料技术也迅速拓展到了英、法、日、俄等其他的发达国家，经过了几十年的发展，这些国家也取得了丰硕的研究成果。我国在吸波材料研究领域始于20世纪80年代，虽然起步较晚，但是随着国家“863”计划的逐步实施，现在已经在吸波涂层等领域取得了重大的进展，不过仍然与发达国家的先进水平存在一定的差距。

### 1.4.3 电磁波吸收材料分类

一直以来，吸波材料的研究将目标集中在开发吸收频带宽、层薄、质轻、吸波性能强（宽、薄、轻、强）特点的材料。碳、铁氧体、聚合物、陶瓷粉末SiC等是目前研究比较多的吸波材料。如今，吸波剂的研究已经逐渐深入，新型吸波剂以及吸波机理正在被广泛地研究，满足日益严苛的使用要求。目前，关于吸波剂的研究主要采用将多种吸收机制的材料相互复合，通过调节材料的电磁参数、阻抗匹配等手段，希望实现对材料的吸波性能的优化设计。综合来说，近些年的科研工作主要集中在以下几个方面。

#### 1.4.3.1 金属氧化物等单组分电磁波吸收材料

金属氧化物是最早被发现有吸波特性而被广泛研究的材料之一，如科研人员研究了$Fe_3O_4$、ZnO、$MnO_2$、$SnO_2$、$TiO_2$等氧化物的电磁波吸收特性，并揭示了这些氧化物吸波效果和最佳的吸收频段范围。结果表明，这些金属氧化物材料虽然有制备简单、成本低等优点，但也有电磁波吸收率较低等缺点。Feng课题组用简单的溶剂热法制备了3种类型的空心海胆状纳米结构$MnO_2$。所得材料的结构和形貌为通过X射线衍射、扫描电子显微镜、透射电子显微镜和选择区电子衍射等表征，通过复介电常数的角度研究了空心海胆状纳米结构$TiO_2$的微波吸收特性。结果表明，有明显的磁损耗在氧化锰/石蜡复合材料中。通过与柱状纳米棒团簇和正方纳米管团簇的比较，发现正方纳米棒团簇具有较强的微波吸收性能，这是因为材料具有合理的电磁阻抗匹配。这些类似于海胆的氧化锰纳米结构被认为具有作为微波吸收剂的巨大应用潜力。从样品中得到的最小 *RL* 是 −41 dB，比之前各种报道的锰氧化物有明显的进步。证明了单组分电磁波吸收剂可以通过结构的改变来提升其电磁波吸收能力（图 1-9）。

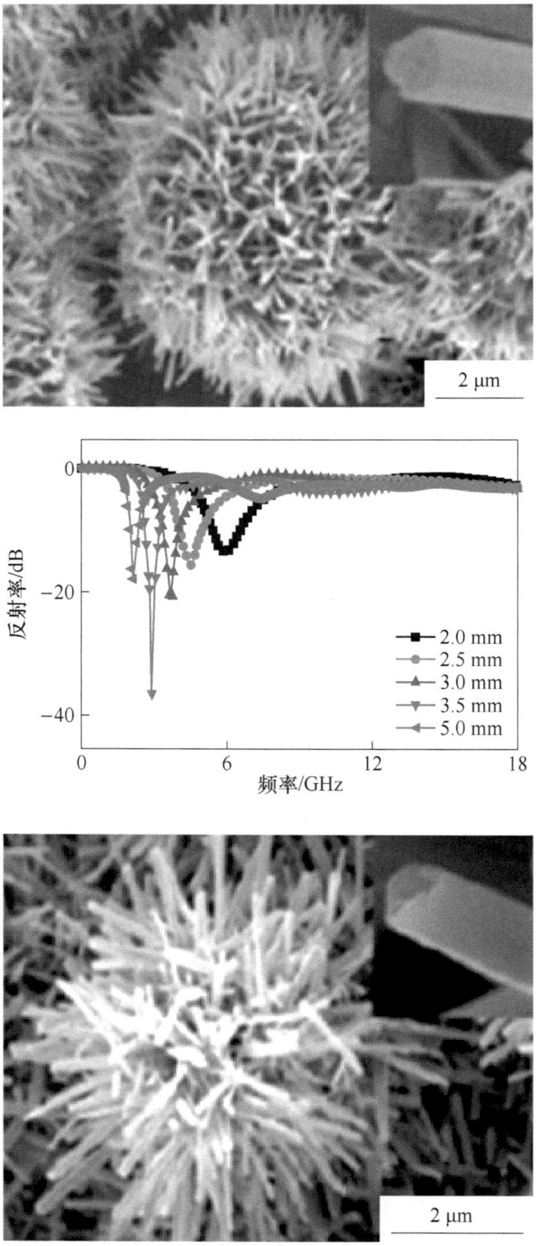

图 1-9 不同形貌 $MnO_2$ 材料的电磁波反射率

#### 1.4.3.2 复合型电磁波吸收材料

为了得到性能更好的电磁波吸收材料，人们又开始研究复合型纳米材料，通过发挥复合材料中的每一种材料的吸收特性来达到更高的电磁波吸收效率要求，如 SiC/Co、α-Fe/$Y_2O_3$、Fe/SiC、FeCo/C/$BaTiO_3$ 和 Fe/ZnO 等，其中 Wang 等人用简单的化学镀方法制备了 Co 含量可以调控的共价键结合 SiC/Co 复合纳米线。通过测试发现，与单体 SiC 和 Co 相比复合材料的电磁波吸收性能显著增强，其吸收带宽明显增强。通过透射电子显微镜、X 射线衍射、拉曼光谱、矢量网络分析仪等设备分析了材料的组织结构和性能表明，电性能优良的 SiC 和磁性强的 Co 之间形成了 Si—O—Co 键纳米晶体。在共价键结合的 SiC/Co 复合纳米线中可以发生电荷转移。诱发 SiC/Co 中的电子发生协同耦合相互作用而产生有效的电磁波吸收，当钴含量（质量分数）为 25.1% 时带宽（*R* 小于 −10 dB）覆盖 10～16.6 GHz 的频率范围（图 1-10）。从以上研究可以发现，这些复合材料的电磁波吸收率明显比其单独使用时电磁波吸收率高，但这些材料也存在密度大，吸收频带窄等缺点，使其应用领域极为有限，需要进一步改进。

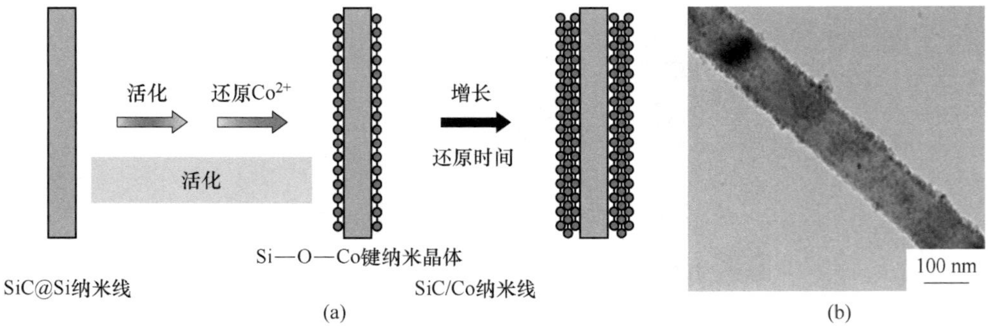


图 1-10　SiC/Co 纳米线的合成

（a）SiC/Co 纳米线的合成示意图；（b）SiC/Co 纳米线的透射电镜图

### 1.4.3.3　碳基电磁波吸收材料

为了满足实际应用，需要研发出密度小、电磁波吸频带更宽的电磁波吸波材料，为了达到这个目的，科学家们试图利用密度更轻的材料作为基体，再和电磁波性能可互补的传统材料复合达到理想的吸波性能。其中，碳材料（碳纳米管、碳纤维、石墨烯等）因其密度小、电性能好、力学性能好、比表面积大等优异的性质而被相继开发应用在电磁波吸收领域。对于碳材料来说，将其与无机纳米颗粒进行有效的复合而达到阻抗匹配来提高电磁波吸收性能，如 Zhang 等人经研究发现碳包覆 Ni 纳米胶囊和 Ni/Fe 纳米碳胶囊材料有着良好的吸波性能；改进的电弧放电法用甲烷气氛制备了碳包覆的 Ni 纳米胶囊，在 2～18 GHz 下，测量它的电磁参数，5.5 GHz 处出现最佳吸收值，这是因为 Ni/C 纳米胶囊的自然共振在微波吸收中占了主导地位，其表面各向异性特性也能增加纳米颗粒的电磁波吸收性能（图1-11）。测得的相对复介电常数表明镍纳米胶囊样品的电阻率较高。Ni/C的最大反射损耗出现在厚度为2 mm时，在13 GHz时达到－32 dB。针对碳纳米管负载Fe、Ni和Co复合材料的吸波性能的研究，发现了其在特殊频段有良好的吸收性能。总体来说，通过碳材料与磁性纳米粒子复合，达到了质轻、吸波

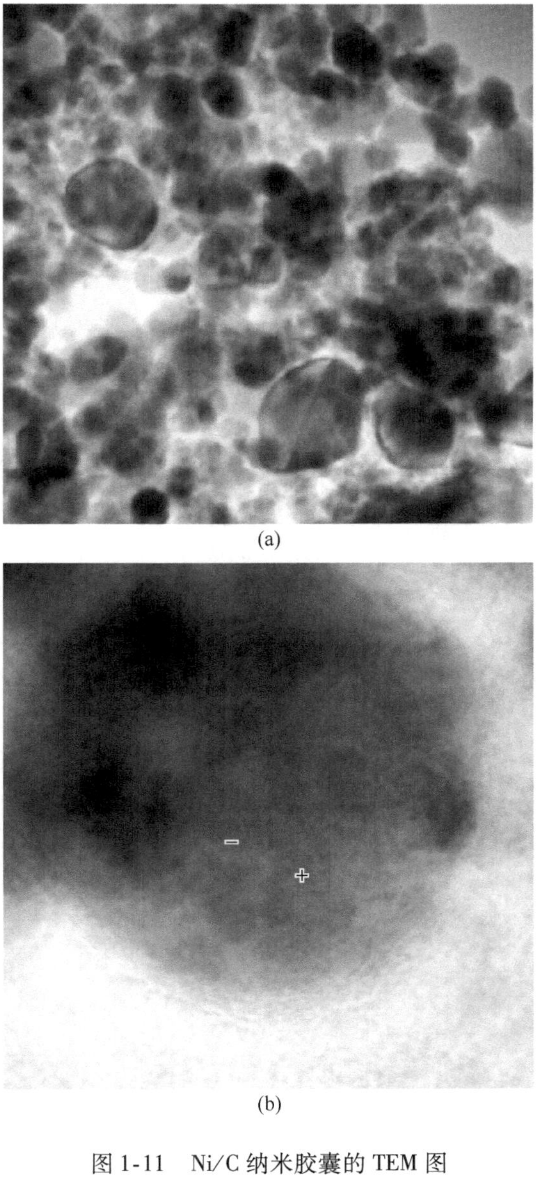

(a)

(b)

图1-11　Ni/C纳米胶囊的TEM图

(a) 50 nm；(b) 5 nm

性能强等要求，但还未达到吸收频带宽的特点（低频电磁波吸收性能差），这可能是因为材料的匹配和空间结构引起的。因此，在进一步开发与碳材料匹配的新型纳米材料的同时，也需要研究材料的空间结构对电磁波吸收效果的影响。

碳材料（碳纳米管、石墨烯、富勒烯等）有大量悬空键，在电场的作用下更容易因为外层电子的极化弛豫而衰减电磁波（图 1-12）。根据电磁波传输理论，材料的吸波性能主要由其复介电常数和复磁导率所决定。当碳材料（碳纳米管、石墨烯、富勒烯等）单独使用作为电磁波吸收剂时，其较高的电导率使其阻抗匹配性差，不能达到很高的电磁波吸收率，特别是碳材料（碳纳米管、石墨烯、富勒烯等）的片层间很强的 π—π 键相互作用和范德瓦尔兹力使它易于发生堆叠和团聚，往往限制了碳材料（碳纳米管、石墨烯、富勒烯等）优异性质的发挥。为了克服这个障碍，解决办法就是制备具有高电导率、大表面积、大孔隙率的碳基结构材料，并将其与纳米粒子有效、紧密的结合，当达到有效电阻抗匹配，不仅可以在复合材料中产生涡流损耗，而且由于碳材料本身的介电弛豫也会大大提高复合材料的介电损耗。

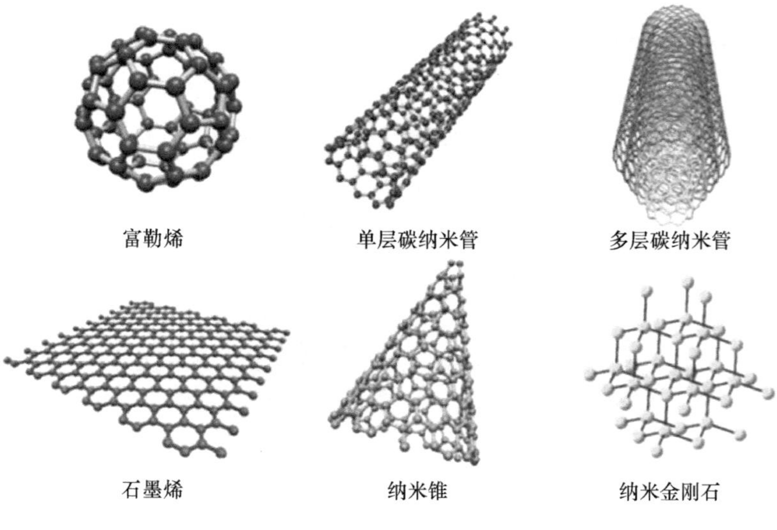


图 1-12　各种碳材料结构

同时这种碳结构也会使入射的电磁波在材料内部多次折返而损耗，因此，使其兼具多种损耗而提高其吸波性能。Ren 等人制备了 $SiO_2$@$Fe_3O_4$ 和石墨烯的复合材料，发现这种结构有效地提高了传统材料的电磁波吸收性能。但由于与最传统的氧化物复合的原因，没有达到宽频吸收的特点，如果寻找出新型纳米电磁波吸收剂与碳料复合制备出吸收材料，有可能获得更好的电磁波吸收材料。

Li 等人用简单的溶剂热法制备了纳米 $Fe_3O_4$ 紧密涂覆的 CNT（FCC）和 $Fe_3O_4$ 疏松涂层的 CNT（FLC）复合材料。$Fe_3O_4$ 包覆的 CNT 的电磁波吸收特性可以通过控制 $Fe_3O_4$ 纳米涂层紧密度来调控。此外，FCC 的 MAP 比 FLC 更好。如图 1-13 所示，FLC 和 FCC 之间的微波吸收差异是由于两者之间的互补性介电损耗和磁损耗与碳纳米管表面 $Fe_3O_4$ 纳米粒子的覆盖密度有关。对于 FCC，优化 CNT 与 $Fe^{3+}$ 的质量比，以最大化电介质之间的有效互补性损耗和磁损耗。最后，与关于 $Fe_3O_4$ 碳基复合材料的文献进行了比较。FCC 在当前工作中优化的 CNT 与 $Fe^{3+}$ 的比例显示出最有效的比 $RL_{min}$（$-28.7$ dB）和最宽的有效 $RL_{min}$ 带宽（$RL$ 小于 $-10$ dB）(8.3 GHz)。事实证明，所制备的 FCC 样品具有出色的电磁波吸收性能。因此，介电弛豫过程可以改善磁损耗。

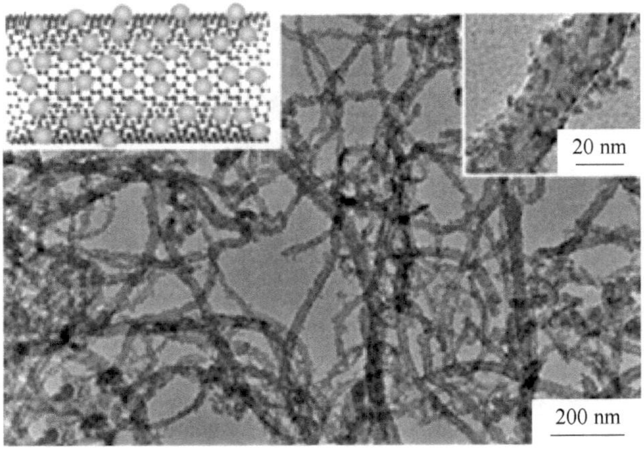


(a)

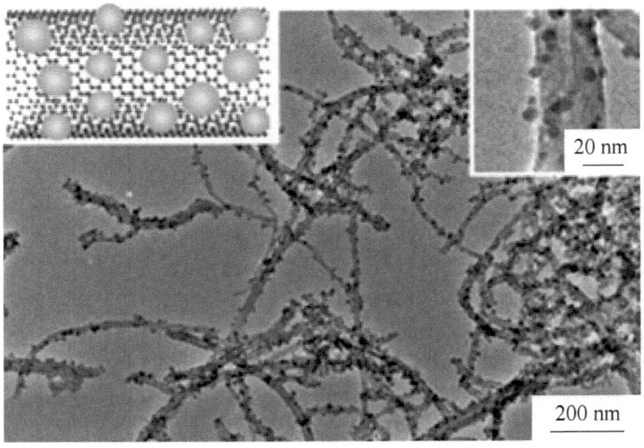


(b)

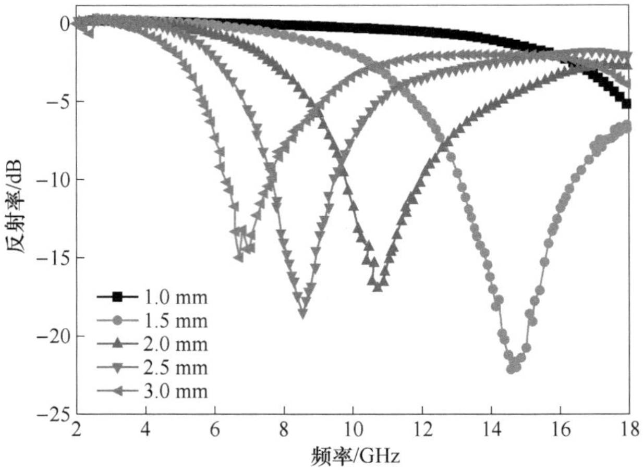


(c)

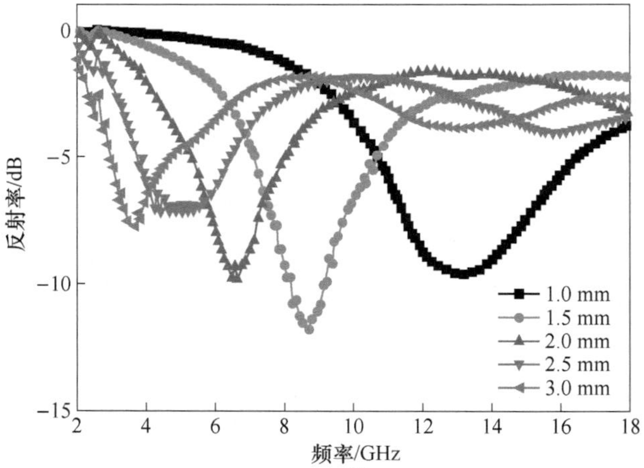


(d)

扫一扫看
更清楚

图 1-13　不同负载量 $Fe_3O_4$/CNTs 透射和电磁波吸收特性

（a）FCC 复合材料的透射电镜；（b）FLC 复合材料的透射电镜；

（c）FCC 复合材料的电磁波吸收特性；（d）FLC 复合材料的电磁波吸收特性

过渡金属硫化物（硫化钴、硫化铁，硫化镍）是一类间隙化合物，其结构特点是硫原子充填在密堆积金属晶格的四面体孔穴中。这些金属硫化物的性质介于离子型和间充型之间，在外加磁场条件下，硫化物中运动的电子产生磁力而改变了电子所受的向心力，使得电子轨道运动或是加速，或是减慢，电子速度因此受到改变，进而连带改变了其与外加磁场相反方向上的轨道磁矩。这些特点使得硫化物可以有效地吸收、损耗电磁波有望成为新型电磁波吸收材料。Wang 等人用水热法制备了 CuS/ZnS 纳米复合材料，发现其在 9.7 GHz 处的反射率达 −22.6 dB，表现出较好的电磁波吸收特性。

Zhao 等人由溶剂热法合成了 CuS 纳米材料和磁性装饰的石墨烯复合材料，研究了 CTAB 对研究了 CuS 纳米薄片的形貌影响（图 1-14）。研究发现因为特殊的纳米结构和协同作用，复合材料展示了 20% 磁性装饰的石墨烯 CuS 在最大 *RL* 值和吸收带宽两个方面都具有出色的微波吸收性能。当 CTAB 的含量为 0.5 mmol 时，为 11.5 GHz 时最佳 *RL* 是 −54.5 dB，吸收带宽超过 −10 dB 的是 4.5 GHz，厚度为 2.5 mm。因此，纳米复合材料具有强吸收、宽带宽和轻量级等特点，可以用作新型的微波吸收剂材料。且由此可以看出，碳材料已经成为电磁波吸收材料中不可缺少的基础材料；硫化物的特殊结构也有望成为新型吸收剂；三维结构材料，有大表面积和多孔道等特点具有了多种损耗特性；如果制备出硫化物、碳基三维结构复合电磁波吸收材料，可获得密度轻、吸收效果好、吸收频段宽的吸波材料。从而可看出，改变材料的结构也可以改变其电磁波吸收性能。

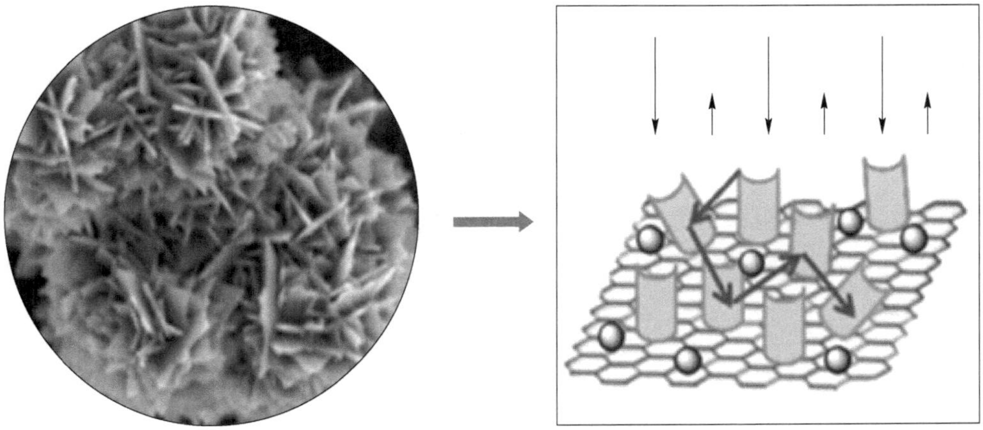

图 1-14　石墨烯@ CuS 复合材料电磁波吸收机理

## 1.5　碳基电磁波吸收材料存在的问题

从国内外碳基吸波材料的研究现状分析，可以看出，目前的研究尚且存在以下一些问题有待解决。

（1）当单独使用碳材料（碳纳米管、石墨烯、富勒烯等）作为电磁波吸收剂时，其较高的电导率使其阻抗匹配性差，不能达到很高的电磁波吸收率，特别是片层状碳材料（碳纳米管、石墨烯、富勒烯等）的片层间由于有很强的 π—π 键相互作用和范德瓦尔兹力使其易于发生堆叠和团聚，往往限制了碳材料（碳纳米管、石墨烯、富勒烯等）优异性质的发挥。

（2）碳材料与其他材料复合后可以提高其电磁波吸收性能，改善吸收率，但是吸收带宽（*RL* 小于 －10 dB）没有明显的增加，有效吸收厚度也没有明显的改进，所以依然需要探索碳基材料的复合方法来改善这些不足。

（3）由于碳材料的介电常数很高，磁导率几乎为零，目前通常都是通过掺杂的方法来调控电损耗和磁损耗值，但是碳基材料主要以电损耗为主，很难达到电磁匹配最佳状态，因此，需要进一步研究电磁匹配性好的碳基复合材料。

（4）碳纳米管、石墨烯、富勒烯等碳材料制备成本高，复合材料的制备工艺比较复杂等原因导致碳基电磁波吸收剂成本高，限制了其在电磁波吸收领域的应用，利用低成本碳材料与其他材料通过简单的工艺复合得到高效电磁波吸收材料是吸波材料发展的一个方向。

（5）碳基复合材料的电磁波吸收机理比较复杂，复合材料的缺陷、结构、官能团、比表面积、复合类型、复合比例等都会对吸波性能产生影响，但是缺乏定量的实验依据，也缺乏机理的详细解释。

（6）碳材料（碳纳米管、碳纤维、石墨烯等）因其资源丰富、密度小、电性能好、力学性能好、比表面积大等优异的性质而被相继开发应用在电磁波吸收领域。如何通过复合来得到性能优异的碳基电磁波吸收剂是未来吸波材料发展的重要方向。

## 1.6　主要研究内容

碳材料已经成为电磁波吸收材料不可缺少的基础材料；铁系单体、磷化物和氧化物特殊结构也有望成为新型吸收剂；如果制备出磁性纳米颗粒/碳基复合电磁波吸收材料，可获得电磁匹配性好，密度轻、吸收效果好、吸收频段宽的吸波材料。以下介绍一下主要研究内容。

（1）磁性纳米颗粒电子结构特性。利用 Fixed Spin Moment（FSM）方法计算磁性纳米颗粒的能量和原子的分磁矩；Bruggeman 有效介质理论（BEMT）计算材料磁导率（实部和虚部）；基于密度泛函理论系统地计算表面电子结构特性及介电函数（实部和虚部），揭示纳米颗粒晶体种类以及表面吸附能、电子结构等对电磁波吸收性能的影响，磁矩转动与外射频率共振引起的吸收能量关系，为磁性纳米颗粒结构设计和定向合成提供理论依据。

（2）磁性纳米颗粒/碳基复合材料的制备。通过希莱克技术（Schlenk Line），利用碳材料、金属化合物和磷源，在不同溶剂（十八烯、十六醇、油氨）中进行反应，得到不同种类的磁性纳米颗粒（金属纳米 Co、磷化物、氧化物）/碳基三维复合材料；再通过溶剂热反应，利用油溶性高分子表面活性剂和偶联剂改性磁性纳米颗粒/碳基复合材料；通过调节反应温度和升温速率等条件得到不同形貌尺寸的复合材料。

（3）磁性纳米颗粒/碳基复合材料吸波性能测试。利用同轴法和拱形法测试材料的电磁波吸收特性。将吸收剂（测试样品）与石蜡按一定体积比混合制备同轴样品，测试其微波电磁参数（复介电常数的实部、虚部和复磁导率的实部、虚部）；再根据电磁参数计算出复合材料反射率，归纳总结不同尺寸形貌、不同种类磁性纳米颗粒/碳基复合材料对电磁波吸收特性的影响规律；将磁性纳米颗粒/碳基复合材料制备成涂覆型电磁波吸收材料，并将其涂覆于金属板表面，用拱形法测定其在实际应用中的吸波性能，得到磁性纳米颗粒/碳基复合材料的吸波规律。

（4）材料结构表征及结构性能关系分析。运用现代表征技术 XRD、XPS、SEM、TEM、VSM、矢量网络分析仪等来分析材料的微观结构、组成、性能，特别是通过磁化曲线、场冷和零场冷曲线、反射率和频率的关系曲线等来系统分析微波吸收剂的稳定性、磁导率、介电常数的变化规律；重点研究复介电常数的实部和虚部、复磁导率的实部和虚部的变化对电损耗、磁损耗的影响规律，从而进一步分析两种损耗与电磁波吸收的关系；理论与实验相结合，归纳总结不同尺寸形貌、不同种类磁性纳米颗粒/碳基复合材料的电磁学特性以及电损耗、磁损耗与电磁波吸收之间关系的规律。

# 2 实 验 部 分

## 2.1 实 验 材 料

### 2.1.1 实验试剂

实验所用所有试剂和原材料清单见表2-1。除特别说明外，实验过程中所使用的水均为二次蒸馏水。

**表2-1 实验中用到的化学试剂**

| 试剂名称 | 分 子 式 | 纯度 | 生 产 厂 家 |
| --- | --- | --- | --- |
| 六水合氯化铁 | $FeCl_3 \cdot 6H_2O$ | A. R. | 阿拉丁试剂（上海）有限公司 |
| 六水合氯化钴 | $CoCl_2 \cdot 6H_2O$ | A. R. | 阿拉丁试剂（上海）有限公司 |
| 四水合氯化镍 | $NiCl_2 \cdot 4H_2O$ | A. R. | 阿拉丁试剂（上海）有限公司 |
| 四水合氯化锰 | $MnCl_2 \cdot 4H_2O$ | A. R. | 阿拉丁试剂（上海）有限公司 |
| 六水合氯化镁 | $MgCl_2 \cdot 6H_2O$ | A. R. | 阿拉丁试剂（上海）有限公司 |
| 无水乙醇 | $CH_3CH_2OH$ | A. R. | 北京益利精细化学品有限公司 |
| 正己烷 | $C_6H_{14}$ | | 天津市博迪化工股份有限公司 |
| 正庚烷 | $C_7H_{16}$ | | 天津市博迪化工股份有限公司 |
| 氨水 | $NH_3 \cdot H_2O$ | A. R. | 天津市化学试剂三厂 |
| 硝酸 | $HNO_3$ | A. R. | 天津市化学试剂一厂 |
| 硼氢化钠 | $NaBH_4$ | A. R. | 天津科密欧化学试剂开发中心 |
| 油酸钠 | $C_{18}H_{33}NaO_2$ | A. R. | 天津市光复精细化工研究所 |
| 乙二胺 | $C_2H_8N_2$ | A. R. | 天津市化学试剂一厂 |
| 油胺 | $C_{18}H_{37}N$ | A. R. | 锦州市宏远化学试剂厂 |

续表 2-1

| 试剂名称 | 分子式 | 纯度 | 生产厂家 |
|---|---|---|---|
| 硝酸铅 | $Pb(NO_3)_2$ | A. R. | 天津市百世化工有限公司 |
| 十二烷基苯磺酸钠 | $C_{18}H_{29}NaO_3S$ | A. R. | 天津市化学试剂一厂 |
| 十二烷基硫酸钠 | $C_{12}H_{25}OSO_3Na$ | A. R. | 西陇化工有限责任公司 |
| 液体石蜡 | | | 中国石油 |
| 硫粉 | S | | 阿拉丁试剂（上海）有限公司 |
| 三苯基膦 | $C_{18}H_{15}P$ | A. R. | 阿拉丁试剂（上海）有限公司 |
| 乙酰丙酮钴（Ⅱ） | $C_{10}H_{14}CoO_4$ | A. R. | 阿拉丁试剂（上海）有限公司 |
| 乙酰丙酮镍（Ⅱ） | $C_{10}H_{14}NiO_4$ | A. R. | 阿拉丁试剂（上海）有限公司 |
| 油酸 | $C_{18}H_{34}O_2$ | | 阿拉丁试剂（上海）有限公司 |
| 碳纳米管 | | | 先丰纳米科技有限责任公司 |

### 2.1.2 实验仪器及设备

实验过程中所用到的仪器和设备见表 2-2。

**表 2-2 实验仪器和设备**

| 仪器与设备 | 型号 | 生产厂家 |
|---|---|---|
| 超声波清洗器 | F009S | 深圳福洋科技集团有限公司 |
| 恒温加热磁力搅拌器 | 78HW-1 | 杭州仪表电机有限公司 |
| 程序升温温度控制器 | CKW-2200 | 北京市朝阳自动化仪表厂 |
| 离心机 | TDZ5-WS | 湖南湘仪离心机仪器有限公司 |
| 电热鼓风干燥箱 | DL-101-2 | 天津市中环实验电炉有限公司 |
| 真空干燥箱 | DZF-6050 | 上海一恒科技有限公司 |
| 超声波清洗器 | KQ-250B | 昆山市超声仪器有限公司 |
| 电子天平（精确度 0.0001 g） | AR1140/C | Ohaus Crop. Pine Brook. NJ. USA |
| 马弗炉 | SX2-4-10 | 上海登峰电炉厂 |
| 水循环真空泵 | SHB-IIIA | 临海市永昊真空设备有限责任公司 |
| 智能温控磁力搅拌加热套 | SZCL-2 | 巩义市予华仪器有限公司 |

## 2.2 结构表征

### 2.2.1 X 射线衍射

广角 X 射线衍射（X-ray Diffraction, XRD）主要用于晶型的鉴定及计算晶面间距，估算颗粒的大小。本书采用日本理学公司生产的 D/max-ⅢB 型 X 射线衍射仪。测试条件：Cu Kα（$\lambda = 0.15406$ nm），管电压 40 kV，管电流 30 mA，扫描速度 8°/min。尖晶石型纳米材料的测试就是针对不同形貌纳米晶体暴露的表面晶型的。纳米粒子的平均粒径大小由 Scherrer 方程（$D = K\lambda/(\beta\cos\theta)$）计算得到。Scherrer 公式中，$K$ 为 Scherrer 常数，其值为 0.89；$D$ 为晶粒尺寸（nm）；$\beta$ 为积分半高宽度，在计算的过程中，需转化为弧度（rad）；$\theta$ 为衍射角；$\lambda$ 为 X 射线波长，其值为 0.154056。

### 2.2.2 热重分析

热重分析（Thermo Gravimetry, TG）法是一种很好的检测物质质量随着温度的变化的方法，通过热重曲线能够准确地计算出每一个温度范围内物质的失重量，并且能够判断不同物质的热稳定性能的高低。本书所用的热重分析仪的型号是美国 Perkin-Elmer 公司的 TGA-7 热重分析仪。测试条件为：加热速率为 10 ℃/min，载气为空气，流速为 20 mL/min。

### 2.2.3 透射电子显微镜

透射电子显微镜（Transmission Electron Microscope, TEM）是材料微观组织结构观察的重要手段，可以揭示材料微观组织结构与宏观性能之间的联系。本书中采用 TEM 和 HRTEM 图像来观察合成样品的微观形貌和晶格结构，所用 TEM 的型号是在日本 JEOL TEM-3010 型高分辨透射电子显微镜，加速电压为 200 kV。制样时，先将样品研细，分散在无水乙醇中，再超声处理；将所得悬浊液滴到镀有碳膜的铜网上，干燥后放到样品台上抽真空、观察。

### 2.2.4 X 射线光电子能谱

X 射线光电子能谱（X-ray Photoelectron Spectrometry, XPS）是应用最为广泛

的方法之一，它的分析结果准确可靠，适用于痕量分析，而且可以分析元素的价态，从而能推测原子可能处于的化学环境和分子结构。

XPS 测试在美国热电公司出产的 Thermo ESCALAB 250 X 射线光电子能谱仪上进行，使用 Al Ka（1486.6 eV）为激发源，高压 14.0 kV，功率 250 W，通能 93.90 eV，测量时分析室压力为 $10^{-9}$ Pa，以污染碳的结合能（284.6 eV）为基准进行结合能的校正。

### 2.2.5 傅里叶变换红外光谱

傅里叶变换红外光谱（Fourier Transform Infrared，FT-IR）可以表征物质分子内的化学键，进而表征分子结构、识别化合物及其结构中的官能团。本书所用傅里叶变换红外光谱（FT-IR）是美国 Perkin Elmer 公司的 FT-IR Spectrometer（Spectrum one），采用 KBr 压片法。

### 2.2.6 拉曼光谱

拉曼光谱（Labram Spectrometer）位移取决于分子振动能级的变化，不同化学键或基团有特征的分子振动，$\Delta$ 反映了指定能级的变化，因此，与之对应的拉曼位移也是特征的。这是拉曼光谱可以作为分子结构定性分析的依据。本书所用拉曼光谱仪为美国 HORIBA 公司的 LABRAM HR800。

## 2.3 性 能 测 试

### 2.3.1 磁性能测试

利用振动样品磁强计（vibrating sample magnetometer，LDJ-9600）测量样品的室温磁性能。测试温度为 300 K，最大外加磁场强度为 2 T。测试磁性纳米材料和磁性液体的比饱和磁化强度、矫顽力、剩磁等磁学性能。

### 2.3.2 电磁参数测量

使用矢量网络分析仪测量系统（agilent N5244A vector network analyzer）测试样品的电磁参数。电磁参数属于间接测量技术，输出参数是频率、复介电常数、复磁导率等一系列被测量值的复杂函数。该系统主要由矢量网络分析仪、计算机、样品同轴夹具和校准件等组成。测量方法为同轴法，具体测试设备如图 2-1 所示。测试样品为外径 7 mm，内径 3 mm，厚度 2 mm 的圆环，适用测试频率为 2 ~ 18 GHz。

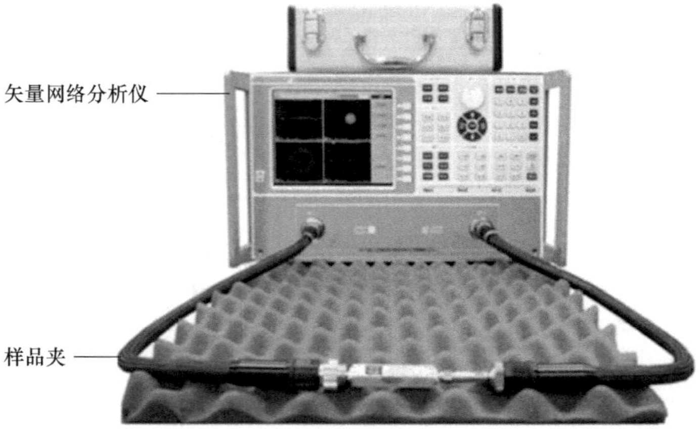


图 2-1　矢量网络分析仪测试

# 3 $Ni_2P$/CNTs 的可控制备及其电磁波吸收特性

## 3.1 引　　言

随着人类生活中越来越依赖电子设备，人们周围的环境中电磁波分布越来越广泛。电子设备对社会发展起着重要的促进作用，但由于释放的电磁波辐射对人体健康有着不利影响，在许多情况下需要减少电磁波辐射对人类的伤害。如人类使用率比较高的电子设备（电视、无线电和移动电子设备）发射出的电磁波会对人体（中枢神经系统、免疫系统等）产生有害影响。研究证明，电磁辐射危害人体的机理主要是热效应、非热效应和累积效应等。热效应：人体内 70% 以上是水，水分子受到电磁波辐射后相互摩擦，引起机体升温，从而影响到身体其他器官的正常工作。非热效应：人体的器官和组织都存在微弱的电磁场，它们是稳定和有序的，一旦受到外界电磁波的干扰，处于平衡状态的微弱电磁场即遭到破坏，人体正常循环机能会遭受破坏。累积效应：热效应和非热效应作用于人体后，对人体的伤害尚未来得及自我修复之前再次受到电磁波辐射，其伤害程度就会发生累积，久之会成为永久性病态或危及生命。对于长期接触电磁波辐射的群体，即使功率很小，频率很低，也会诱发想不到的病变。如人体免疫力下降、新陈代谢紊乱、记忆力减退、提前衰老、心律失常、视力下降、听力下降、血压异常、皮肤产生斑痘、粗糙，甚至导致各类癌症等；男女生殖能力下降、妇女易患月经紊乱、流产、畸胎等症。另外，在很多军事工业电子产品中需要减少电磁波辐射来保证武器装备的安全性。如减少电磁波反射的涂料可用于飞机无法被雷达搜索检测，也可以干扰对方电子对抗系统。因此，探索具有强吸收能力，宽吸收频率，低质量，薄匹配厚度的优质电磁波吸收剂对人类和社会的可持续发展都具有重要意义。

为了满足不同领域的应用需求，已经设计研发出了很多种类电磁波吸附剂，如 CoNi/CuO、$Ti_3C_2Tx$、CoNi@ $SiO_2$@ C 等复合材料。其中碳纳米结构（碳纳米管、富勒烯和石墨烯等）具有低密度、高比表面积、高介电常数和良好的导电性等优点成为满足高性能电磁波吸收材料而被广泛研究。然而，碳材料有单一的介电损耗来消耗电磁波能量和高电导率导致高反射率过高等缺点，单独使用时在电磁波吸收性能都达不到要求而需要改进。为了克服以上缺点，碳材料通常与其他材料进行复合，以获得更好的电磁波吸收性能，用于与碳复合的材料主要包括导电金属及合金、陶瓷、过渡金属硫化物、金属氧化物、磁性材料等。碳/导电金属复合材料可以增强界面极化导致介电损耗而提高电磁波吸收性能，例如，RGO/Cu 复合材料在 3.8 GHz 下的最小反射率为 -50.4 dB。碳/陶瓷复合材料有优异的阻抗匹配性能和介电损耗，例如 RGO/SiC 泡沫材料可以实现整个 X 波段电磁波的有效吸收，CNTs/T-ZnO 的最小反射率为 -23 dB，反射率小于 -10 dB 时的有效电磁波吸收带宽为 5 GHz。碳/金属硫化物因其较强的电子传递能力而广泛应用于电磁波吸收领域。例如，RGO/$MoS_2$ 复合材料表现出良好的电磁波吸收性能，有效带宽为 5.72 GHz，最小反射率为 -50.9 dB。碳/磁复合材料因其良好的可调性能，在许多电磁波领域具有广阔的应用前景。碳/磁复合材料可以通过调控电损耗和磁损耗值来满足不同领域的电磁波吸收匹配要求。研究者发现将 $CoFe_2O_4$、$NiFe_2O_4$、$Fe_3O_4$ 和 NiCo 分别与碳材料复合后都能表现出良好的电磁波吸收性能。

综上所述，碳基复合材料表现出良好的电磁波吸收性能而满足基本应用要求。然而，寻找性能更好的碳基复合材料来吸收电磁波是一个挑战。过渡金属磷化物是一类重要的应用功能材料，与碳材料复合后可进一步提高其电化学性能，如包覆磷化镍颗粒的碳微纤维可作为良好的催化加氢反应的电极材料。然而，目前对金属磷化物的研究主要集中在催化领域的类贵金属特性上。事实上，金属磷化物有着纯金属和金属氧化物之间的阴离子电负性和原子间距，可以表现超导性、催化活性、铁磁性和半导体等性质，可能为作为电磁波吸附剂提供了广阔的应用前景，但合成适用于电磁波吸收的碳/磷化物复合材料并应用于电磁波吸收领域是一个挑战的研究方向。

在此，研究了一种利用廉价的原料，通过液相化学方法制备了小尺寸 $Ni_2P$ 涂层的碳纳米管。由 Materials Studio 8.0 软件的 CASTEP 程序实现了 $Ni_2P$ 晶体的电子结构和磁性能的计算，首次研究了 $Ni_2P$ 涂层结构对其电磁波吸收性能的影响。结果表明，$Ni_2P$/CNTs 复合材料的复合介电常数和磁导率与 $Ni_2P$ 涂层结构密切相关。将反射损耗值作为电磁波吸收效率的表征，对于 $Ni_2P$/CNTs 复合材料，反射率的最小值为 -51.8 dB（5.28 GHz），厚度为4.5 mm。对于厚度为2 mm 的材料，反射率的最小值为 -46.1 dB。因此，$Ni_2P$/CNTs 复合材料具有良好的电磁波吸收性能。

## 3.2 实 验 部 分

采用简便的一锅法制备了 $Ni_2P$/CNTs 复合材料，如图 3-1 所示。在制备样品 $Ni_2P$/CNTs-1(CNTs/$Ni(acac)_2$ 质量比为 1∶5）的过程中，使用了在一个典型的热分解工艺，将 1 g $Ni(acac)_2$、10 mmol 的 TPP 和 10 mL 的油胺加入一个三口圆底烧瓶中。在 40 ℃条件下，用氮气脱气 10 min，并进行磁性搅拌，然后混合液加热到 100 ℃。将 0.1 g 的 CNTs 和 15 mL 油胺的混合物注入以上反应溶液中并搅拌 10 min，将反应温度提高到 300 ℃并保持 30 min，整个过程中升温速率为 5 ℃/min。反应溶液冷却至室温后，用正己烷和乙醇的混合物（比例为 1∶1）沉淀出黑色产物，以 5000 r/min 离心分离 5 min，沉淀物用上述离心方法洗 5 次，除去上清液后 60 ℃真空干燥 6 h。在相同的条件下，分别制备了 1∶10($Ni_2P$/CNT-2)、1∶20($Ni_2P$/CNT-3）和纯 $Ni_2P$ 纳米颗粒。用于合成 $Ni_2P$/CNT-1、$Ni_2P$/CNT-2 和 $Ni_2P$/CNT-3 的碳纳米管的直径为 30 ~ 50 nm。为了便于比较，还可以在与 $Ni_2P$/CNT-2 相同的反应条件下，制备了直径为 20 ~ 30 nm 的 CNTs（样品编号为 $Ni_2P$/CNT-4）和另一个直径大于 50 nm 的 CNTs(编号为 $Ni_2P$/CNT-5)。

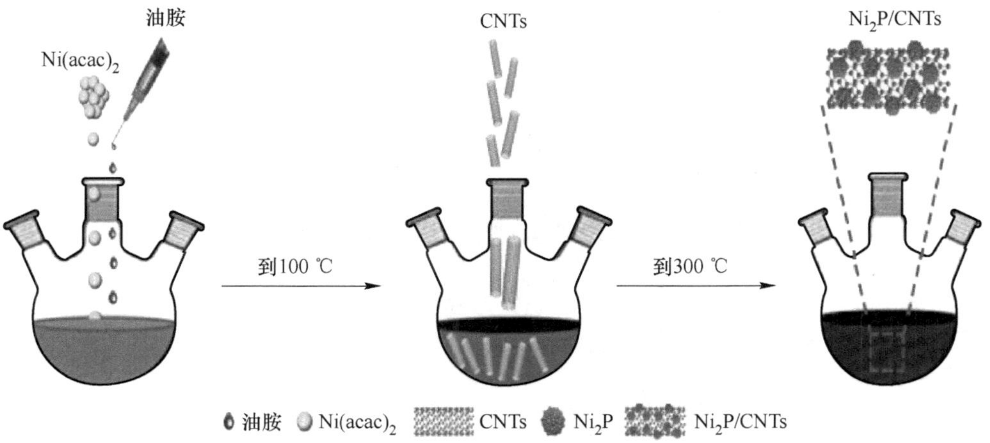


图 3-1 $Ni_2P$/CNTs 制备过程

## 3.3　结果与讨论

### 3.3.1　结构表征

透射电镜表征了 $Ni_2P$ 和 $Ni_2P$/CNTs 复合材料的形貌和结构（图 3-2）。图 3-2(a)所示为 $Ni_2P$/CNTs-2 的 TEM 图，从图中可以看出 $Ni_2P$ 在碳纳米管表面上高密度均匀分布，图 3-2 (b)所示进一步揭示了密度高、均匀分布的碳纳米管

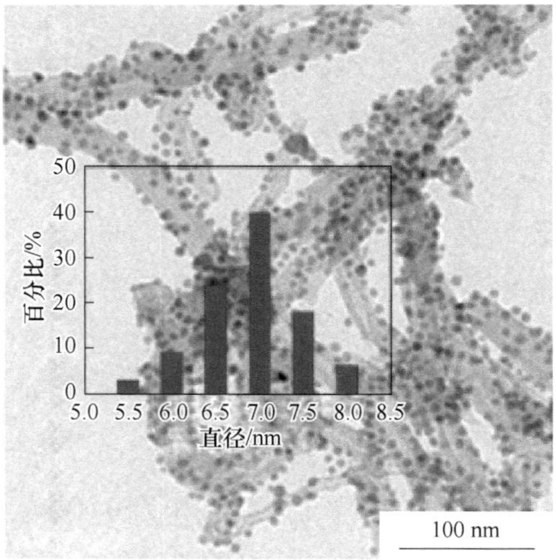


(a)

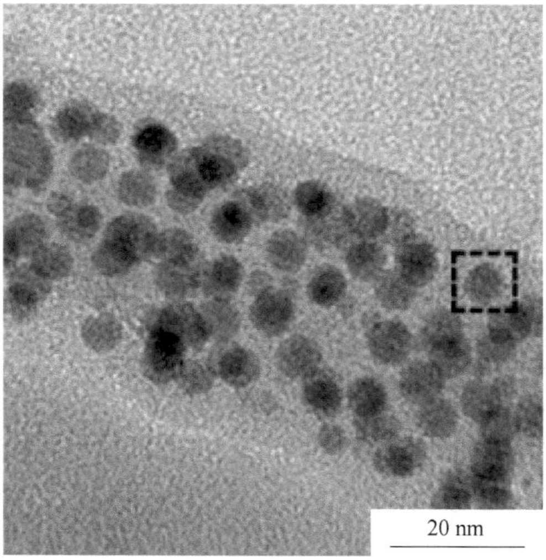


(b)

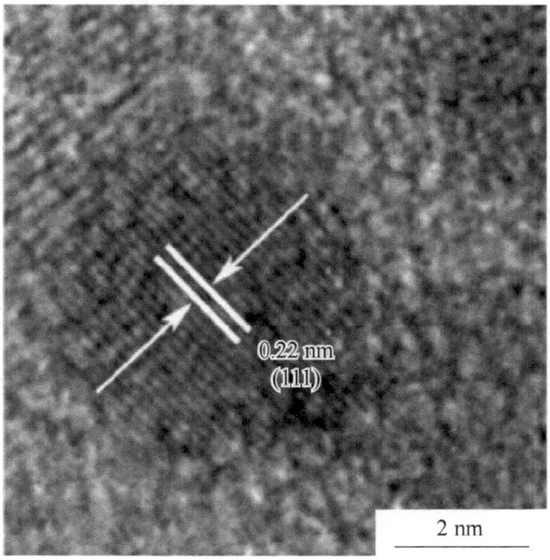


(c)

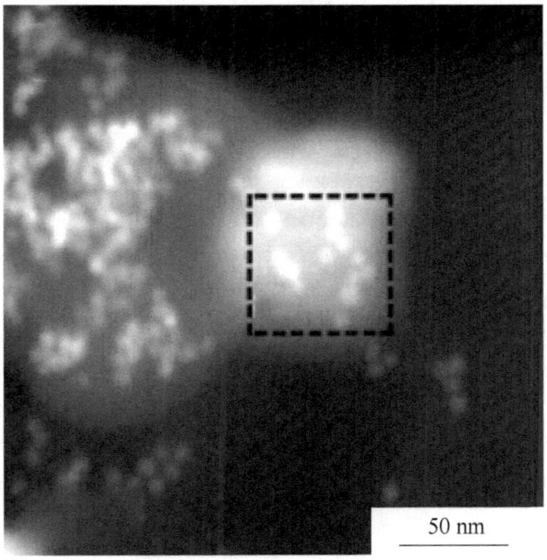


(d)

图 3-2 材料形貌和尺寸分析

（a） $Ni_2P$/CNTs-2 的 TEM；（b） TEM；（c） HRTEM；（d） HAADF/STEM 图

表面 $Ni_2P$ 颗粒为球形，直径约为（7 ±1） nm。球形单分散 $Ni_2P$ 牢牢包裹并黏附在碳纳米管表面。羧基与镍原子的 3d 轨道相互作用形成配位键，可能有助于碳纳米管表面致密 $Ni_2P$ 的生长。这可能是因为碳表面的羧基和镍原子的 3d 轨道形成化学键而后续围绕这个镍原子生长成 $Ni_2P$ 颗粒。

图 3-2（c）所示为 $Ni_2P$/CNTs-2 的 HRTEM，该图更进一步揭示了 $Ni_2P$ 的晶

体结构。由图 3-2(c) 可以看出其晶格条纹线距为 0.22 nm，证明这些晶化区域为 $Ni_2P$ 的(111)平面。图 3-2(d) 是进一步对 $Ni_2P$/CNTs-2 测试的元素映射图，图 3-2(c) 和 (d) 可以证明了在均匀分布于 CNT 碳基质中的球形 $Ni_2P$ NPs 中确实存在 P 和 Ni 元素。所有样品均是以三苯基膦为磷源，在低升温速率下合成 (5 ℃/min) 的，因此，几种样品中得到的纳米颗粒尺寸和形貌几乎一样，其中 $Ni_2P$/CNTs-2 样品中的 $Ni_2P$ 全部覆盖了碳纳米管表面，这意味着合适的碳纳米管/$Ni(acac)_2$ 的质量比是非常重要的。通过 TEM 测量可以看出，小尺寸的 $Ni_2P$ 颗粒均匀地加载在 CNTs 的整个表面上，而且通过调节反应条件来调节 $Ni_2P$ 的加载量。通过这种反应工艺，可以很容易地通过碳纳米管的羧化作用和 TPP 的反应活性来实现 $Ni_2P$ 的生长。然而，在以往的许多报道中，很难实现小尺寸 NPs 在 CNTs 上的均匀生长。例如，CVD 法制备的碳纳米管上磷化镍的尺寸可达近 100 nm，静电纺丝法可以在碳纤维表面生长出 50 ~ 200 nm 的多分散磷化镍。利用相应的能量色散 X 射线光谱 (EDS) 进一步分析了 $Ni_2P$/CNTs-2 的元素组成，光谱中只发现了 C、P 和 Ni 元素信号，它们的原子比接近 50.24 : 28.35 : 21.41。

纯 $Ni_2P$、$Ni_2P$/CNTs-1 和 $Ni_2P$/CNTs-3 的 TEM 图如图 3-3 所示，纯 $Ni_2$ 几乎是单分散的球形相，平均粒径为 (5.8 ±0.5) nm (图 3-3 (a))，$Ni_2P$/CNTs-1 中的 $Ni_2P$ NPs 由于样品中 $Ni_2P$ 含量较低，并未将 CNTs 表面全部覆盖，有很多裸露的表面 (图 3-3 (b))。虽然 $Ni_2P$/CNTs-3 中的 $Ni_2P$ 均负载在 CNTs 表面，由于 $Ni_2P$ 含量过多而导致多余部分没能负载在 CNTs 表面 (图 3-3 (c))。这可能会导致两个样品有弱阻抗匹配而影响电磁吸收性能。

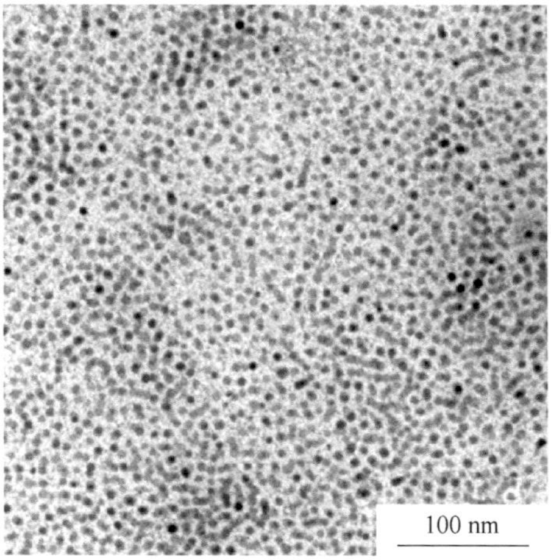


(a)

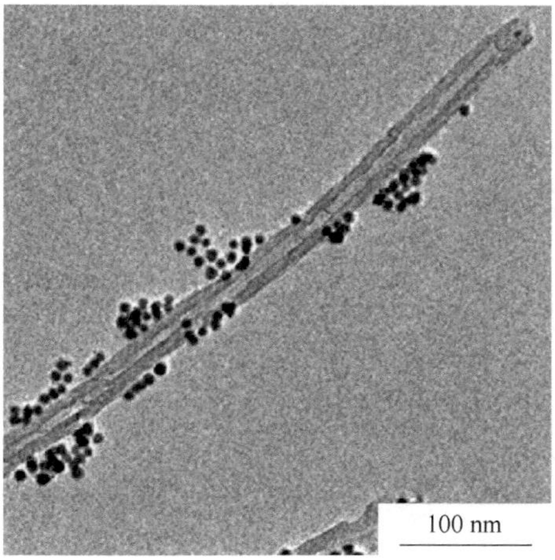


(b)

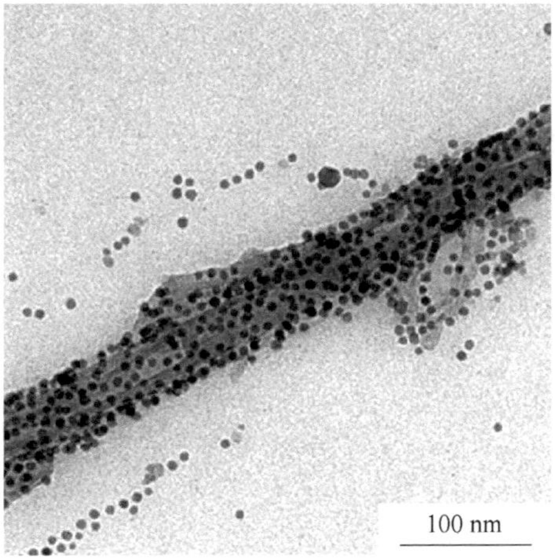


(c)

图 3-3 $Ni_2P$（a）、$Ni_2P$/CNTs-1（b）和 $Ni_2P$/CNTs-3（c）的 TEM 图

$Ni_2P$/CNTs-4 和 $Ni_2P$/CNTs-5 的 TEM 图像，如图 3-4 所示。可以看到，小的 $Ni_2P$ 均匀地加载在两个样品的 CNTs 上。结果表明，基于该方法，$Ni_2P$ 可以均匀地生长在不同直径的碳纳米管上。

图 3-5（a）显示了 $Ni_2P$/CNTs、CNTs 和纯 $Ni_2P$ 的 XRD 图谱。在 $2\theta$ 角 25.96°处的强衍射峰和 42.48°和 44.35°处的两个小峰分别代表 CNT 的石墨结构（002）晶面、（100）晶面和（101）晶面。在 54.49°、47.74°、44.74°、40.48°和 54.28°主要衍射峰是与 $Ni_2P$（JCPDS No. 65-9706）的（111）、（021）、（210）、

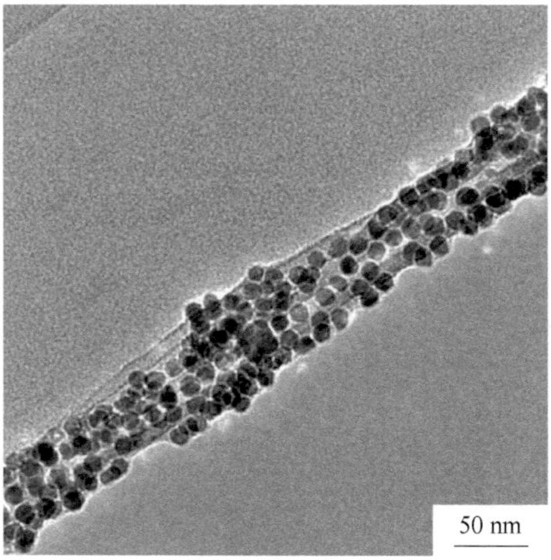


(a)

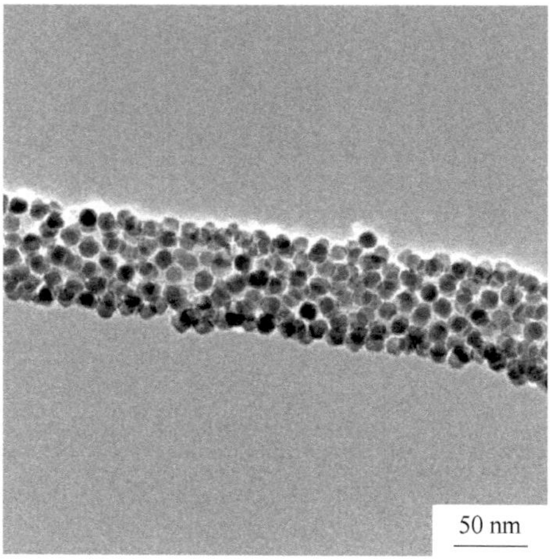


(b)

图 3-4　TEM 图像

（a）$Ni_2P$/CNTs-4；（b）$Ni_2P$/CNTs-5

(300)和(002)晶面对应。将 $Ni_2P$ 涂覆在碳纳米管表面后，碳纳米管和 $Ni_2P$ 的特征峰保持不变，此外，再无其他衍射峰，说明该复合材料是 $Ni_2P$ 和 CNTs 的复合物，这与上述 EDS 结果一致。

为了进一步研究生长在样品的组织结构，通过拉曼光谱进行了表征，如图 3-5(b) 所示。复合材料的拉曼光谱显示出 4 个主要特征峰，即 1367(D-带)、1581 $cm^{-1}$(G-带)、2768 $cm^{-1}$(2d-带) 和 2947 $cm^{-1}$(D + G-带)。D-带是由于碳原子在无序的石墨平面上以悬空键的方式振动，形成五边形和七边形石墨结构的缺陷，而 G-带是由于石墨的碳 $sp^2$ 键的拉伸模式（$E_{2g}$模式）。与 D 峰相比，G 峰

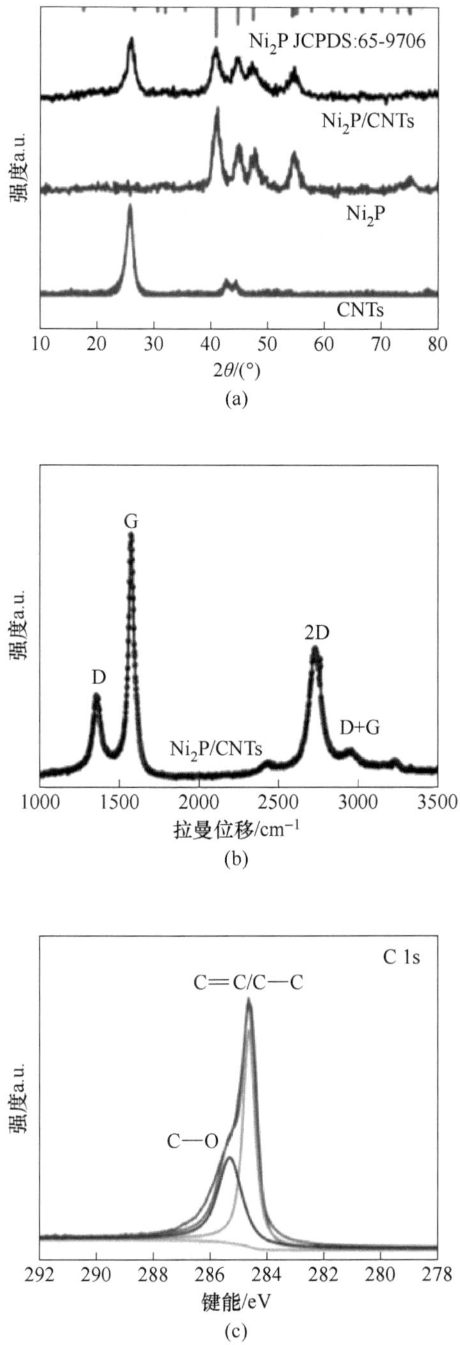


(a)

(b)

(c)

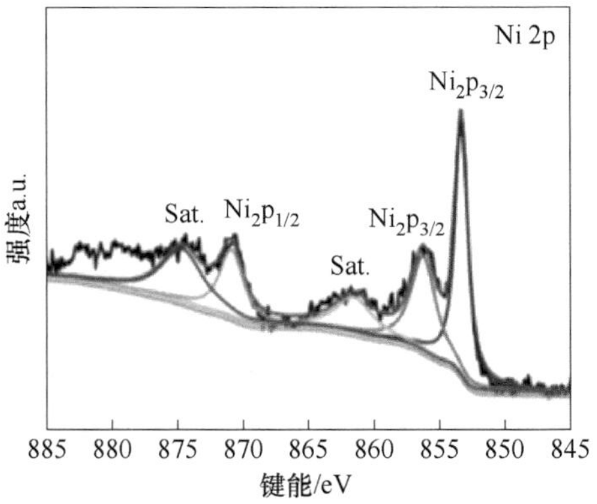


(d)

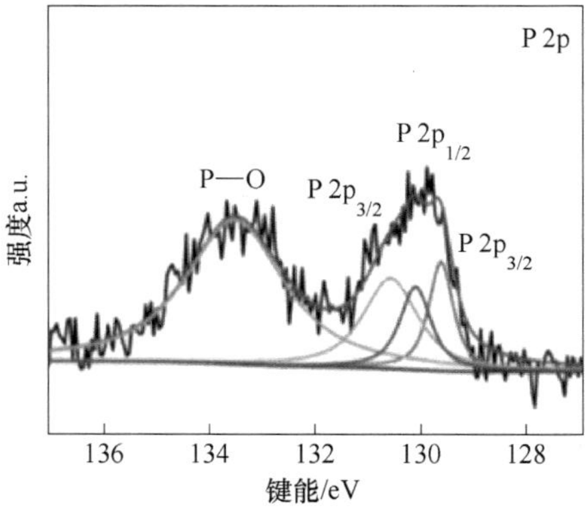


(e)

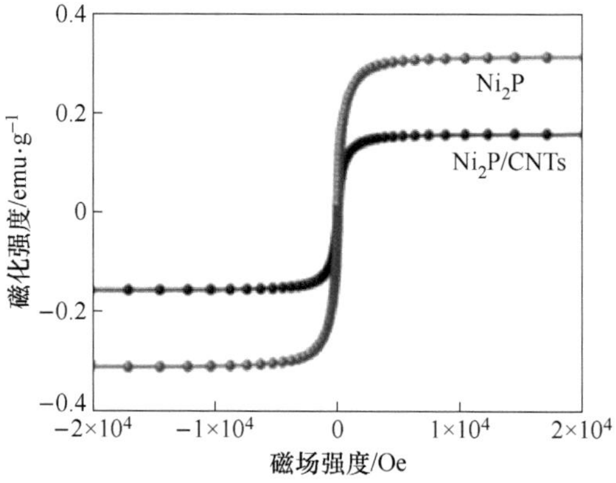


(f)

图 3-5　XRD、拉曼、XPS 和磁性分析

(a) $Ni_2P$/CNTs-2、$Ni_2P$ 和 CNTs 的 XRD；(b) $Ni_2P$/CNT-2 的拉曼光谱；
(c)～(e) 样品 $Ni_2P$/CNTs-2 的 XPS；(f) $Ni_2P$ 和 $Ni_2P$/CNT-2 的磁滞回线

强度更高，宽度更窄，说明复合材料中碳的结晶性较好，显示出石墨碳的典型特征二阶能带峰。

图3-5(c)(d)和(e)所示为$Ni_2P$/CNTs-2的高分辨率光谱。镍2p(图3-5(d))有3个峰值，分别为853.35 eV、856.65 eV和870.55 eV，分别对应于$Ni_2P$中的$Ni^{\delta+}$、$Ni^{2+}$和$Ni^{\delta+}$ $2p_{1/2}$。其中，在853.35 eV和870.55 eV的峰值是$Ni_2P$中的Ni，而856.65 eV是氧化态Ni的特征峰。在133.65 eV和130.7 eV P 2p则分别对应于磷酸物种（$PO_{4-x}C$）和磷化$P^{\delta-}$ $2p_{1/2}$。$Ni_2P$/CNTs-22的C 1s的XPS谱是还原为单个的组分峰，其结合能集中在284.6 eV，归属于C—C键。所有这些结果都有力地证明了$Ni_2P$在碳纳米管表面的成功负载。碳纳米管表面存在的$Ni_2P$可能会引起极化弛豫和磁损耗，这应该有利于电磁波的吸收性能的提高。总的来说，在CNTs表面负载上$Ni_2P$可以引起极化弛豫，其原因主要有以下3个方面。

（1）当球形$Ni_2P$加载到CNTs表面时，$Ni_2P$/CNTs表面会产生更多的偶极子。

（2）在$Ni_2P$和CNTs的界面上产生了多种界面极化。

（3）$Ni_2P$和CNTs的缺陷可能会引起更多的缺陷极化。多种极化的形成有利于改善电损耗，从而增加电磁能量的吸收。

图3-5(f) 所示为纯$Ni_2P$和$Ni_2P$/CNTs-2在300 K和20000 Oe（奥斯特）条件下的磁化曲线图。纯$Ni_2P$的饱和磁化强度为0.30 emu/g，当$Ni_2P$与CNTs结合时，其饱和磁化强度降至0.155 emu/g。纯$Ni_2P$和$Ni_2P$/CNTs-2基本没有磁滞后现象，实测矫顽力值接近于零。显然，$Ni_2P$由于体积小而表现出铁磁性。实际上，较低的矫顽力值有利于将最优的电磁波峰转移到低频区域。$Ni_2P$/CNTs-2的接近为零的矫顽力值将有助于提高其在低频范围内的电磁波吸收性能。

通过第一性原理计算了$Ni_2P$晶体结构、磁性、光学性质。$Ni_2P$晶体结构的第一性原理计算结果见表3-1，理论计算进一步证明了镍的磁性能，并对不同温度下的实验结果进行了比较。由计算得到的$Ni_2P$晶体结构，如图3-6(a) 所示，属于三角形晶体系统的$P_{321}$空间对称群。Ni离子和P离子均位于两种类型的Wyckoff位置，说明同一元素离子的物理化学环境不同并分别用Ⅰ和Ⅱ标记。实验结果与第一性原理计算结果在晶体结构、晶格参数和原子位置上的差异均小于2.0%，说明了计算结果的合理性和准确性。

**表 3-1　第一性原理计算的 $Ni_2P$ 晶体结构**

| 晶体结构 | | 理论计算值 | 实验值 |
|---|---|---|---|
| 空间群 | | $P_{321}$（$\alpha=\beta=90°$，$\gamma=120°$） | |
| 参数 | $a,b,c$/nm | $a=b=0.5755$ nm，$c=0.3426$ nm | $a=b=0.5850$ nm，$c=3.365$ nm |
| | Ni(Ⅰ) | 0.256335,0,0 | 0.25754,0,0 |
| | Ni(Ⅱ) | 0.594490,0,0.5 | 0.59575,0,0.5 |
| | P(Ⅰ) | 1/3,2/3,0 | 1/3,2/3,0 |
| | P(Ⅱ) | 0,0,0.5 | 0,0,0.5 |

能带结构和 DOS 表明，$Ni_2P$ 的电子本征态在费米能级附近有明显的自旋分裂，说明自旋向上、自旋向下电子态的自旋对称性已被破坏。$Ni_2P$ 材料的部分 DOS（上自旋和下自旋状态的区分）结果，如图 3-6(b) 所示。结果表明，费米能级附近电子本征态的自旋分裂主要是由于 Ni-3d 或位元的自旋极化引起的。$Ni_2P$ 电子自旋密度在（001）和（002）晶体平面上的投影分布，如图 3-6(c) 所示，结果表明，自旋极化虽然不会引起空间中不同自旋态的不对称分布，但由于自旋能级的分裂，上自旋电子的密度明显高于下自旋电子。产生的净自旋主要分布在镍离子周围，因此相邻的镍离子表现为铁磁自旋磁耦合，从而导致了 $Ni_2P$ 的铁磁特性。图 3-5(f) 显示的材料弱磁性结果一致。由于 $Ni_2P$ 有磁性，$Ni_2P$/CNTs 具有磁性损耗，从而提高了其电磁协同效应和电磁波吸收性能。

### 3.3.2　电磁波吸收性

计算了不同厚度的 $Ni_2P$/CNTs 复合材料、纯 $Ni_2P$ 和 CNTs 的频率依赖性的反射损耗值，其中 $f$ 是电磁波的频率，$d$ 是吸收器的厚度，$c$ 是光的速度，$Z_{in}$ 是吸收器的输入阻抗，$Z_0$ 是自由空间的阻抗。EM 波吸收剂的吸收特性与其复介电常数（$\varepsilon_r=\varepsilon'-j\varepsilon''$）和复磁导率（$\mu_r=\mu'-j\mu''$）密切联系，其中实部表示电能和磁能的储存能力，虚部表示电能和磁能的损耗能力。为了了解电磁波吸收的机理，对 $Ni_2P$/CNT-2 的复介电常数和复磁导率进行了分析。如图 3-7(a) 和(b)所示，测量了所有样品在 2～18 GHz 范围内的有效介电常数的实部和虚部，由图可以发现，$Ni_2P$ 的 $\varepsilon'$ 和 $\varepsilon''$ 值分别是 2.2 和 0，为所有的样品中的最低

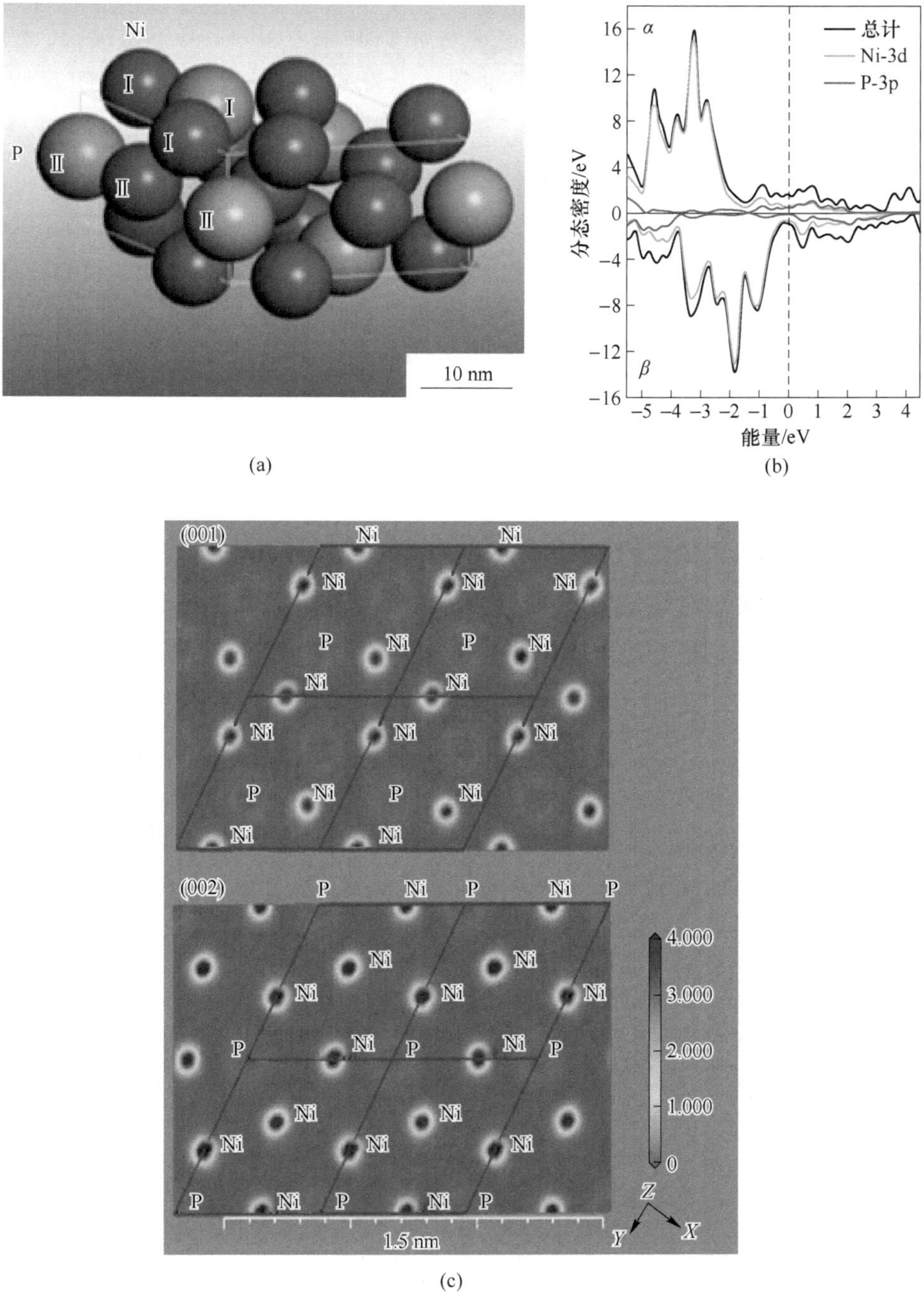


图 3-6　晶体结构与态密度

（a）$Ni_2P$ 的晶体结构；（b）DOS；（c）自旋态密度

的值。而 $Ni_2P$/CNT-1、$Ni_2P$/CNT-2、$Ni_2P$/CNTs-3 样品均有很高的 $\varepsilon'$（10、8.2、5）和 $\varepsilon''$（5、4、0.8）数值。介电常数值则 $Ni_2P$/CNTs 样品均高于纯 $Ni_2P$ NPs，其原因可能是由于高导电性碳纳米管的加入使其介电常数随着碳含量的增加而变大。

随着频率的增加，复介电常数随着极化率和电位移的变化而减小。$\varepsilon''$的数值表明 $Ni_2P$/CNTs-2 复合材料是存在介质极化引起的介电损耗、自发极化和相关的弛豫现象。此外，复合材料中碳纳米管的高导电性使其具有强极化、欧姆损耗、静电荷耗散等特性，从而提高了 $Ni_2P$ 的复介电常数。

图 3-7(c)和(d)所示为所有样品在 2～18 GHz 范围内的复磁导率的实部和虚部。值得注意的是，复合材料中 $Ni_2P$ 含量的增加会提高复磁导率的实部和虚部。但 $\mu''$很小，这表明 $Ni_2P$ 涂层可以减少复合材料的导电率，从而在高频率范围可以减少涡流的影响，使实部 $\mu'$的几乎不变。

随着 $Ni_2P$/CNTs 中 CNTs 含量的增加，介电损耗值也增加（图 3-7（e）），而磁损耗值正好与介电损耗值相反（图 3-7（f））。在整个频率范围内，磁损耗的值小于介电损耗的正切值，说明反射率主要是由介电损耗引起的，磁损耗起的作用没有介电损耗大。

如图 3-7（f）所示，当频率超过 13 GHz 时，$Ni_2P$/CNT-1 的磁损耗明显下降。众所周知，磁损耗与入射电磁波的频率和材料的磁性有关。$Ni_2P$/CNT-1 中 $Ni_2P$ 的低负荷含量导致其最小的磁损耗，与纯碳材料的磁损耗相似。因此，$Ni_2P$/CNT-1 的磁损耗在高频时减小。同时证明了低矫顽力使其最佳反射率峰出现在低频。因此，当频率超过 13 GHz 时，由于 CNTs 表面有少量的 $Ni_2P$ 颗粒负载，$Ni_2P$/CNT-1 的磁损耗明显下降。

涡流是一种闭合电流，当导电材料处于交变磁场中时，其内部会产生涡流，如果磁损耗仅仅是由于涡流的影响，那么随着频率的增加，$C_o$ 应该保持恒定。$C_o$ 的具体表达式如下：

$$C_o = \mu''(\mu')^{-2} f^{-1} \tag{3-1}$$

从图 3-8(a) 可以看出，$Ni_2P$/CNTs 样品的涡流值在 4～18 GHz 时基本保持不变，这说明磁损耗仅仅来源于涡流损耗。阻抗匹配系数（$Z$）和衰减常数（$\alpha$）是两个常见因素来估计并确定电磁波吸收性能。它们的表达式为：

$$Z = |Z_{in}/Z_0| \tag{3-2}$$

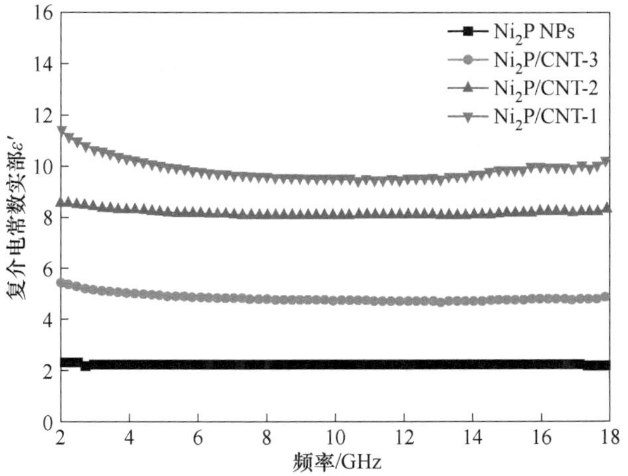
Ni$_2$P NPs
Ni$_2$P/CNT-3
Ni$_2$P/CNT-2
Ni$_2$P/CNT-1
复介电常数实部ε′
频率/GHz

(a)

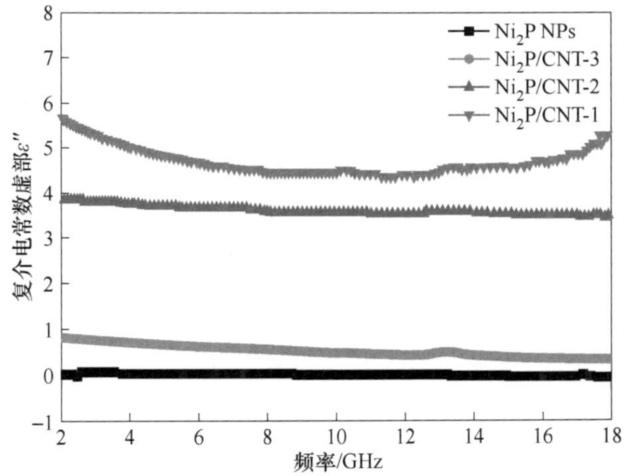
Ni$_2$P NPs
Ni$_2$P/CNT-3
Ni$_2$P/CNT-2
Ni$_2$P/CNT-1
复介电常数虚部ε″
频率/GHz

(b)

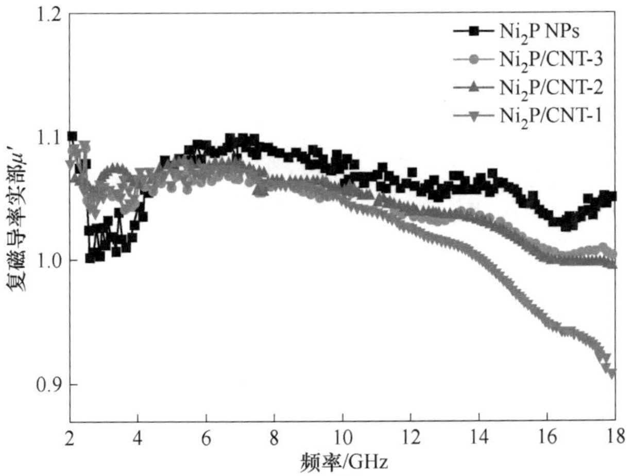
Ni$_2$P NPs
Ni$_2$P/CNT-3
Ni$_2$P/CNT-2
Ni$_2$P/CNT-1
复磁导率实部μ′
频率/GHz

(c)

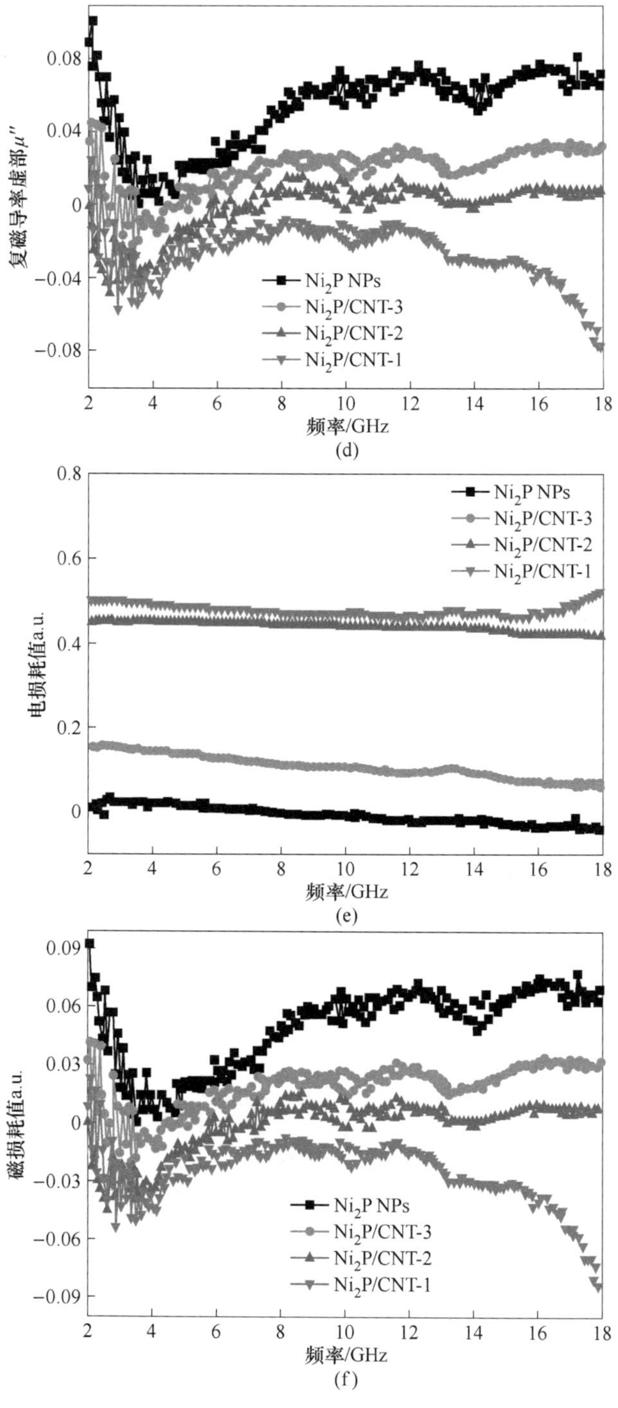


扫一扫看更清楚

图 3-7　样品的损耗

(a)复介电常数实部;(b)复介电常数虚部;(c)复磁导率实部;(d)复磁导率虚部;(e)电损耗值;(f)磁损耗值

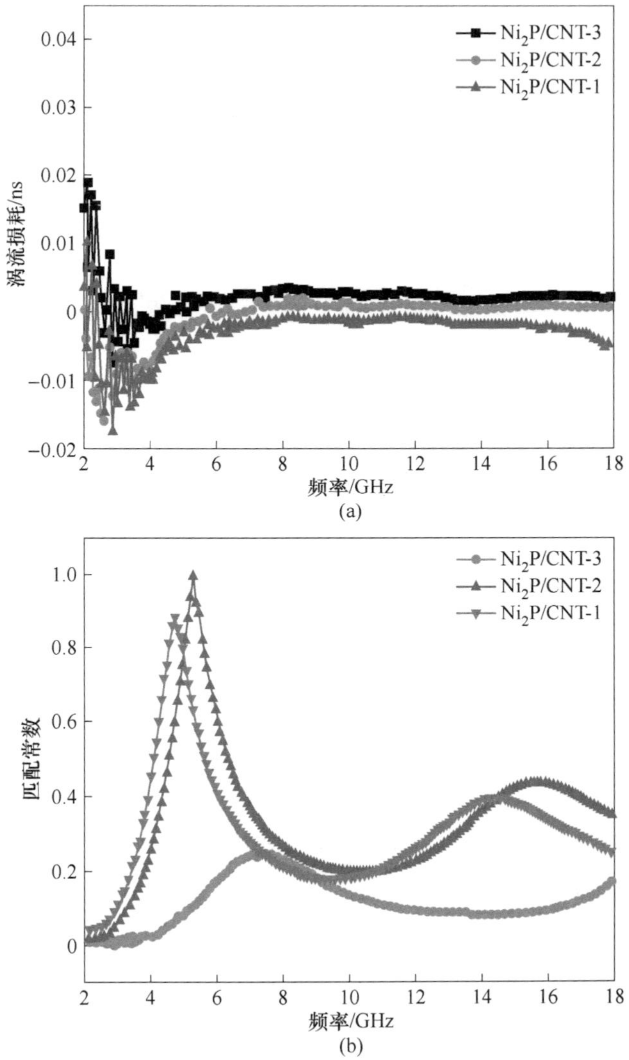


扫一扫看
更清楚

图 3-8 材料的涡流损耗与匹配常数

(a) $Ni_2P$/CNT-1、$Ni_2P$/CNT-2、$Ni_2P$/CNT-3 的涡流损耗；(b) 匹配常数

$$\alpha=\frac{\sqrt{2}\pi f}{c}\sqrt{(\mu''\varepsilon''-\mu'\varepsilon')+\sqrt{(\mu''\varepsilon''-\mu'\varepsilon')^2+(\mu'\varepsilon''+\mu''\varepsilon')^2}} \tag{3-3}$$

阻抗匹配 $Z$ 如图 3-8(b) 所示。对于电磁波吸收性能优异的材料，其相对 $Z$ 值更接近于 1。而 $Ni_2P$/CNT-2 的 $Z$ 在 5.28 GHz 时更接近 1，而 $Ni_2P$/CNT-1 和 $Ni_2P$/CNT-3 的 $Z$ 比 $Ni_2P$/CNT-2 的 $Z$ 低，特别是 $Ni_2P$/CNT-3 的 $Z$ 与其他的 $Z$ 相

比阻抗匹配较差。

衰减常数 $\alpha$ 表示吸收器的集成微波耗散能力，如图 3-9 所示，所有的样品均表现出较高的 $\alpha$ 值，而且随着频率的增加而增加，这种高衰减常数表明材料有优秀的微波吸收能力。

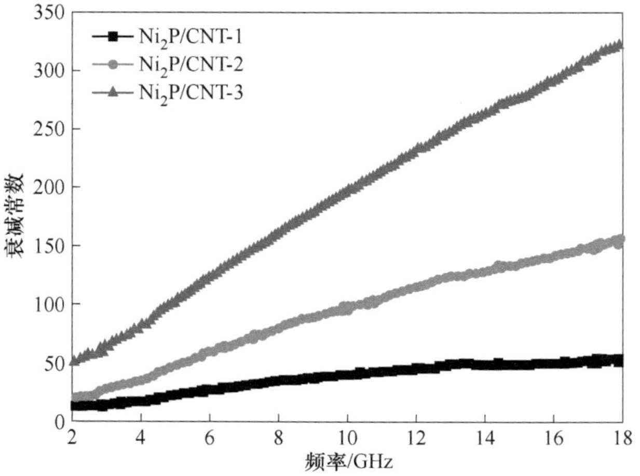


图 3-9　$Ni_2P$/CNT-1、$Ni_2P$/CNT-2 和 $Ni_2P$/CNT-3 的衰减常数

图 3-10 所示为 1.5 ~ 5.0 mm 不同含量 CNTs 的 $Ni_2P$/CNTs 样品以 30%（质量分数）的添加量加入石蜡中制得样品后测定的电磁波吸收特性。其中 $Ni_2P$ NPs 表现出较微弱的电磁波吸收行为（图 3-10（a）），这可能是由于在 $Ni_2P$ NPs 中不能形成有效的导电或介电损耗造成的。而与 $Ni_2P$ NPs 和 CNTs 相比，$Ni_2P$/CNTs 样品则具有更好的介电损耗和磁损耗，所以其电磁波吸收能力有明显的提高。且比例（$Ni_2P$：CNTs）的变化会导致 *RL* 值有明显变化。$Ni_2P$/CNT-1 的 *RL* 最小值在厚度为 3 mm、频率 8.08 GHz 时达到 −25.5 dB（图 3-10（b））。因为在 $Ni_2P$/CNTs-1 中大多数 CNTs 的表面没有被包覆，导致了其与纯 CNTs 类似的高反射和低吸收效果。$Ni_2P$/CNT-1 的阻抗匹配峰值具有明显的频偏。理论上，材料的复介电常数与复磁导率之间的关系决定了材料阻抗匹配的主要原因，复介电常数和复磁导率之间的较大差异将导致阻抗匹配较差。在 $Ni_2P$/CNT-1 中，由于碳表面的 $Ni_2P$ NPs 负载较少，导致复合磁导率远低于复合介电常数，因此 $Ni_2P$/CNT-1 的阻抗匹配较差，频率偏移明显。

$Ni_2P$/CNTs-2 的电磁吸收能力较好，且在任意厚度 $Ni_2P$/CNTs-2 的 *RL* 均小

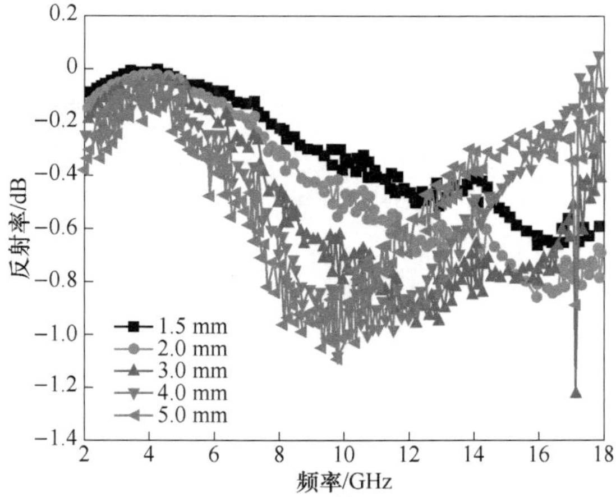
0.2
0
−0.2
−0.4
−0.6
−0.8
−1.0
−1.2
−1.4
反射率/dB
2
4
6
8
10
12
14
16
18
频率/GHz
1.5 mm
2.0 mm
3.0 mm
4.0 mm
5.0 mm
(a)

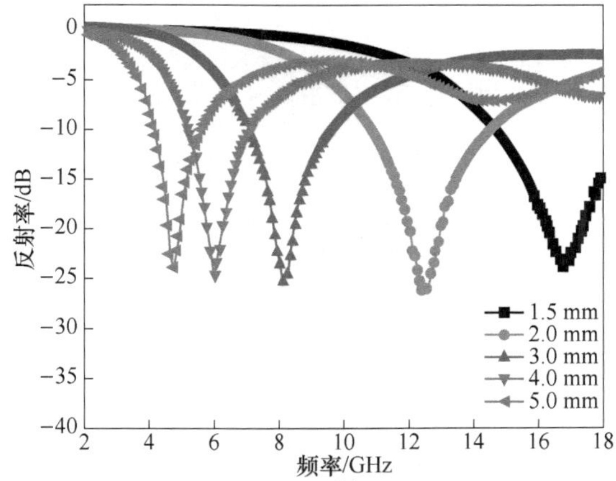
0
−5
−10
−15
−20
−25
−30
−35
−40
反射率/dB
2
4
6
8
10
12
14
16
18
频率/GHz
1.5 mm
2.0 mm
3.0 mm
4.0 mm
5.0 mm
(b)

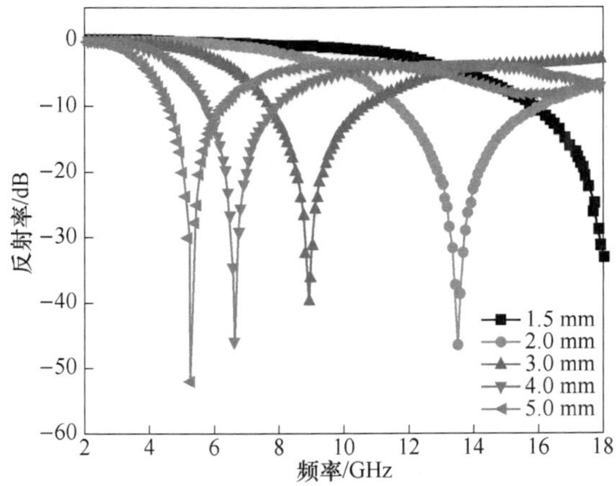
0
−10
−20
−30
−40
−50
−60
反射率/dB
2
4
6
8
10
12
14
16
18
频率/GHz
1.5 mm
2.0 mm
3.0 mm
4.0 mm
5.0 mm
(c)

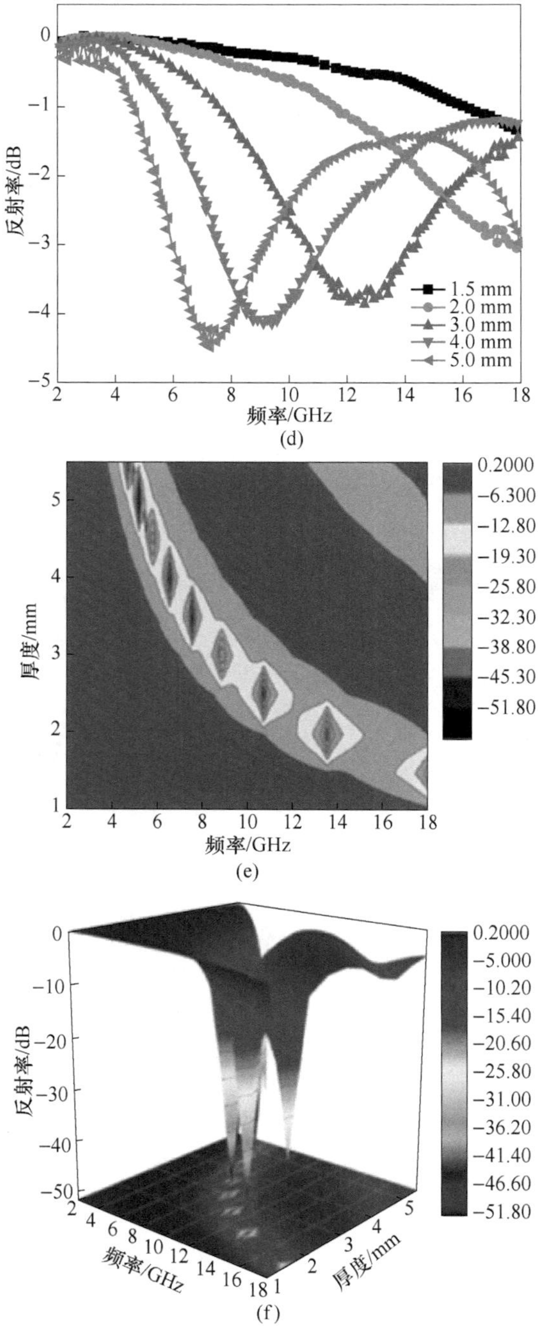


扫一扫看更清楚

图 3-10　材料的反射率

(a) Ni$_2$P 反射率；(b) Ni$_2$P/CNT-1 的二维；(c) Ni$_2$P/CNT-2 的二维；
(d) Ni$_2$P/CNT-3 的二维；(e) Ni$_2$P/CNT-2 的二维；(f) 三维反射率

于 -10 dB（图3-10（c））。最薄厚度为2 mm 的该材料 *RL* 的最小值为 -46.1 dB。且随着厚度的增加，其 *RL* 的最小值和有效电磁吸收带宽同时减小。在厚度为 5.0 mm 时，*RL* 的最小值在 5.28 GHz 时下降到 -51.8 dB。当吸收厚度为 2 mm 时，有效吸收带宽为 4.3 GHz，优于表 3-2 中已有研究的其他碳基复合材料。$Ni_2P$/CNTs-2 的有效阻抗匹配条件、衰减能力的提高、良好的电磁协同效应和多重界面极化是 $Ni_2P$/CNTs-2 对电磁波吸收性能显著增强的主要原因。在介电损耗和磁损耗最大值对应的频率处均没有大的反射。$Ni_2P$/CNTs-2 的有效微波吸收带宽相对较窄，这可能是由于石蜡中填充量（质量分数）较低（30%）所致。在 $Ni_2P$/CNT-3 中，虽然 CNTs 表面被 $Ni_2P$ 很好地包覆，但由于大量的 $Ni_2P$ NPs 并没有与 CNTs 结合，因此，$Ni_2P$/CNT-3 的 $RL_{min}$ 在 3 mm 厚度的 7.28 GHz 下为 -4.5 dB（图 3-10（d））。这意味着 $Ni_2P$/CNT-3 的电磁波吸收性能较低，与纯 $Ni_2P$ 相近。由此可以说明，$Ni_2P$/CNTs 的质量比对其电磁波吸收性能非常重要。图 3-10(e)和(f)所示为频率范围为 2 ~18 GHz 时的 $Ni_2P$/CNTs-2 样品 3D 图和等值线图的反射损失图。从图 3-10(e)和(f)可以看出 $Ni_2P$/CNTs-2 的最低 90% 波吸收（小于 -10.0 dB）厚度从 1.5 ~5.0 mm 在不同频率覆盖整个频率范围。

**表 3-2 碳基复合材料电磁波性能比较**

| 吸收剂 | 填充量(质量分数)/% | 厚度/mm | $RL_{min}$①/dB | EABW②/GHz |
|---|---|---|---|---|
| $Fe_3O_4$/CNTs | 50 | 3.5 | -20.1 | 1.4 |
| $MoS_2$/RGO | 10 | 2.0 | -33 | 5.72 |
| Cu/RGO | 8 | 2.0 | -20（near） | 11.2 |
| Ni/CNT | 20 | 1.8 | -17.5 | 2.9 |
| ZnO/RGO | 50 | 2.2 | -45.05 | 3.3 |
| $TiO_2$/C | 40 | 1.6 | -49.6 | 4.6 |
| PEDOT/RGO | 10 | 2.0 | -35.5 | 5.0 |
| Ag@ $Fe_3O_4$/RGO | 50 | 2.0 | -40.5 | 3.1 |
| $Ni_2P$/CNTs-2 | 30 | 2.0 | -46.1 | 4.3 |
| $Ni_2P$/CNTs-2 | 30 | 4.0 | -51.8 | 1.5 |

①最小反射率值；②EABW：电磁波吸收带宽（反射率小于 -10 dB）。

为了进一步研究碳纳米管直径对电磁波吸收性能的影响，可在相同的条件下测试 $Ni_2P$/CNTs-4（CNTs 直径为 20 ~30 nm）和 $Ni_2P$/CNTs-5（CNTs 直径大于 50 nm）的电磁波吸收性能。图 3-11 显示了 $Ni_2P$/CNTs-4 和 $Ni_2P$/CNTs-5 的 *RL*

值。$Ni_2P$/CNTs-4 在 5.28 GHz、厚度为 5 mm 时的 $RL_{min}$ 为 −41.85 dB，而 $Ni_2P$/CNTs-5 在 11.44 GHz、厚度为 2 mm 时的 $RL_{min}$ 为 −34.20 dB。结果表明，$Ni_2P$/CNTs-4 和 $Ni_2P$/CNTs-5 的电磁波吸收性能略差于 $Ni_2P$/CNTs-2。上述结果说明了 CNTs 特性对最终 $Ni_2P$/CNTs 的电磁波吸收性能的影响。其影响应与以下原因有关。首先，不同直径的 CNTs 具有不同的电导率，对电磁波吸收性能有潜在的影响。此外，CNTs 的直径也会影响 $Ni_2P$ 在其表面的生长。可以认为，由于表面积

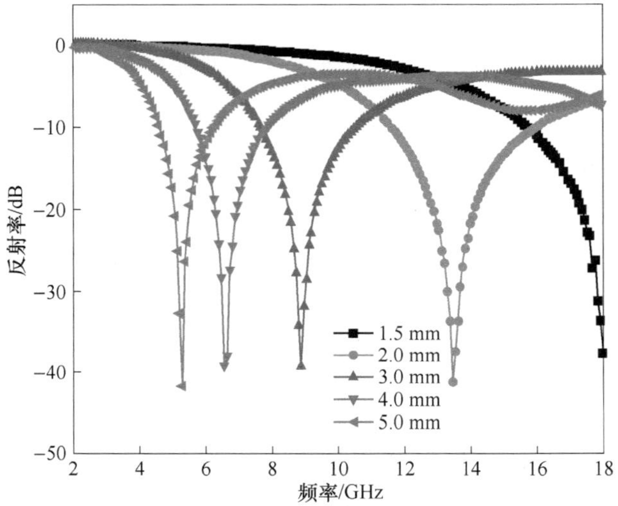

(a)

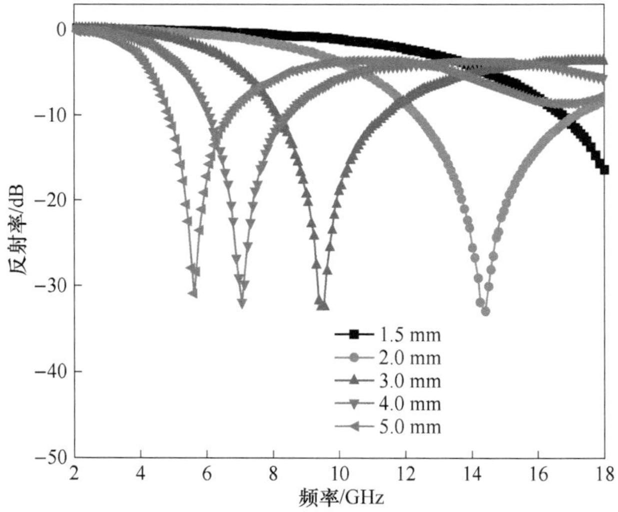

(b)

图 3-11　反射率

(a) $Ni_2P$/CNTs-4；(b) $Ni_2P$/CNTs-5

较大，小直径的 CNTs 不利于 $Ni_2P$ 的生长和均匀覆盖。另外，直径较大的碳纳米管表面积较低，这导致除了碳纳米管外，还会单独形成 $Ni_2P$。这些都会降低 $Ni_2P$ 与 CNTs 的阻抗匹配，从而影响入射电磁波的吸收能力。更深层的原因值得我们在今后的工作中进一步研究。

图 3-12 显示了 CNTs 和 $Ni_2P$/CNTs 的电磁波吸收机制。当电磁波入射到一种材料中时，它们可以被反射、吸收或多次反射。碳纳米管在没有 $Ni_2P$ 的情况下，进入吸收材料的电磁波只能通过碳纳米管的介电损耗来衰减。当碳纳米管的表面涂有 $Ni_2P$ 时显示与纯碳纳米管相比入射电磁波的反射损失低和高吸收，也许是因为辐射电磁波遇到了 $Ni_2P$ 的偶极性转动和一些磁畴共振。

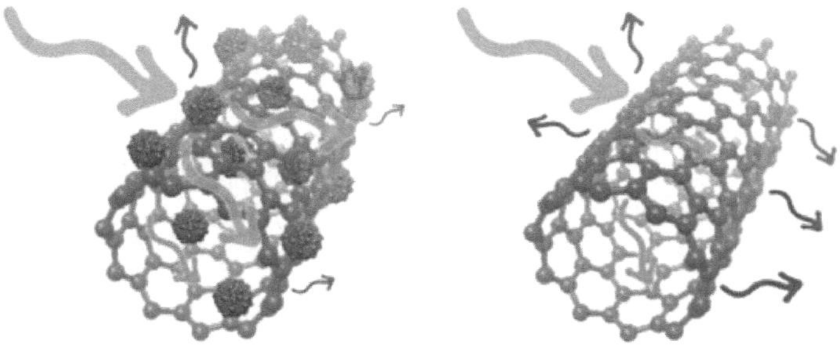


扫一扫看
更清楚

图 3-12　$Ni_2P$/CNTs-2 和 CNTs 的吸波机理

极性转动来源于有极性的镍—磷键，而磁共振的来源可以理解为在镍 - 3d 轨道中的未成对电子。图 3-6 (a) 所示计算结果也证明了这一点。同时，$Ni_2P$/CNTs 复合后吸波性能增强机制可以从以下几个方面来解释。首先，$Ni_2P$ 的小尺寸增加了偶极极化，引入 CNTs 后，导电性增加，使得界面极化和介电损耗能够同时衰减电磁波。其次，$Ni_2P$/CNTs 形成了微弱的磁损耗，另外，$Ni_2P$ 的弱磁性有助于提高 $Ni_2P$/CNTs 的复磁导率和介电常数之间的阻抗匹配。因此，可以通过改变 $Ni_2P$ 含量来控制 $Ni_2P$/CNTs 的电磁波吸收性能（图 3-12）。

## 3.4　结　论

综上所述，通过合理的方法成功制备了一系列小尺寸 $Ni_2P$ 包覆的 CNTs 复合材料。通过调节 $Ni(acac)_2$ 前驱体的添加量，可以控制 $Ni_2P$ 涂层的含量。其中，

$Ni_2P$/CNTs-2复合材料的吸收能力最好，其 $RL_{min}$ 值在5.28 GHz时为－51.8 dB，厚度为4.5 mm，不同厚度（1.5～5 mm）的 $RL_{min}$ 值小于－10 dB。与纯CNTs和 $Ni_2P$ 相比，$Ni_2P$/CNTs复合材料由于介电损耗和磁损耗的结合、界面损耗的引入和匹配阻抗的提高，显著提高了电磁波的吸收性能。这些结果表明，这种新型吸声材料作为S波段高效轻质电磁波吸收材料在雷达领域具有潜在的应用前景。

# 4 钴纳米颗粒/氮掺杂石墨烯复合材料的制备及其电磁波吸收性能

## 4.1 引　言

碳材料由于其密度小、热稳定性高、性能可调性以及来源丰富等优点得到了广泛关注。并且由于其在电磁场下的高界面极化和良好的导电性均利于其实现以介电损耗为主的电磁波吸收，又由于其较大的电导特性使其在单独使用时具有较高的最小反射损失值。因而，通常要将碳材料与其他材料复合来提高其电磁波吸收性能。尤其是碳/磁性粒子复合材料，如 carbon/Ni、carbon/$Fe_3O_4$、carbon/Co，能明显提高其阻抗匹配特性和有效吸收带宽。其主要原因就是由于在碳基体上引入了磁性材料。由相关报道可知，磁性粒子/碳复合材料具有优异的电磁波吸收特性。而且，还可以通过改变碳材料的结构来进一步提高其电磁波吸收特性。Feng 报道了 CoNi/NGN 复合材料可以通过碳基体的电磁波吸收性能。另外，Feng 报道的多孔 $Fe_3O_4$/NGN 复合材料以及 Yan 报道的多孔 Co/NGN 在较薄的厚度时均具有优良的电磁波吸收特性。以上报道说明改变碳材料结构（如化学掺杂入氮）能引起缺陷极化松弛和电子极化松弛，从而提高其电磁波吸收性能。但是，目前报道的磁性粒子/NGN 复合材料仅能提高其电磁波有效吸收带宽，其最小反射损失值（*RL*）却并不理想，这可能是由于磁性粒子形貌和尺寸的影响引起的。由 $Fe_3O_4$/CNTs 和花瓣状 Ni/C 的报道可知负载的磁性材料的形貌和尺寸对其电磁波吸收特性有影响。因而，通过控制负载在 NGN 表面的磁性材料的形貌和尺寸，得到具有优异电磁波吸收材料是可行的。

本章介绍了一种将不同尺寸和形貌的 Co 纳米粒子负载在 N 掺杂石墨烯（NGN）表面的合成方法，并且研究了不同尺寸和形貌对复合材料电磁波吸收特性的影响。通过分析 Co 纳米粒子、NGN 和 Co/NGN 的性能发现 Co/NGN 复合材料能明显提高电磁波吸收特性，且复合材料中 Co 纳米粒子的尺寸和形貌均对其电磁波吸收特性有影响。其中，花瓣状 Co/NGN 复合材料具有最优异的电磁波吸收特性，其最小反射损耗（-45.8 dB）出现在 13.48 GHz，此时其匹配厚度为 2 mm，有效吸收带宽（反射率值等于 -10 dB）为 4.6 GHz。Co/NGN 复合材料的最小反射损耗和有效吸收带宽均提高至 KU 波段，这说明花瓣状 Co/NGN 复合材料在电磁波吸收领域有巨大的应用前景。

## 4.2　实验部分

氧化石墨（GO）是通过 Hummers method 合成；N-掺杂石墨烯按文献方法制备；将氧化石墨（40 mg）、$NH_4HCO_3$（200 mg）和去离子水（70 mL）一起连续搅拌（30 min）得到前驱体溶液，然后将其加入一份干燥的 100 mL 聚四氟乙烯高压反应釜，200 ℃反应 10 h 后冷却到室温，用去离子水洗 5 遍，然后将沉淀物在真空烘箱中 60 ℃真空干燥 10 h 即得到 N-掺杂石墨烯（NGN）。样品 Co/NGN-1 是通过热分解法合成的，其反应机理图如图 4-1 所示。将 0.01 g 的 NGN、0.1 g 的 $Co(acac)_2$ 和 1 g 三苯基膦超声分散 1 h，使其分散于 30 mL 油胺中。将混合溶液倒入三口瓶加热，磁力搅拌下在 100 ℃通氮气 10 min 后以 5 ℃/min 的升温速率升温到 250 ℃反应 30 min，然后冷却至室温，沉淀物用庚烷和乙醇的混合溶液离心分离洗涤 5 次（8000 r/min，5 min）。将沉淀物在 60 ℃真空烘箱中干燥 12 h 得到最终的 Co/NGN 复合物。另外两个 Co/NGN 样品是按相同方法在不同反应温度下（200 ℃和 250 ℃）得到的，分别命名为 Co/NGN-2 和 Co/NGN-3。纯 Co 纳米粒子是在与 Co/NGN-2 相同的反应条件下制得的。

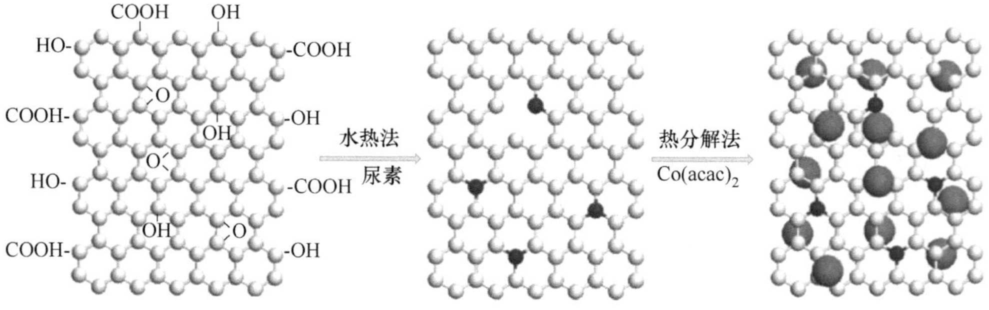


图 4-1　Co/NGN 复合物的形成机理

# 4.3 结果讨论

## 4.3.1 结构表征

图 4-2 所示为用 TEM 测定的纯 NGN、Co 纳米粒子以及 Co/NGN-2 纳米复合物的形貌和尺寸图片。其中，由图 4-2（a）所示的 TEM 照片可以看到 NGN 的微观结构和单层原子排列，应为具有明显卷曲和褶皱结构的半透明薄片。图 4-2（b）所示则说明所观察到的 Co 纳米粒子为在 200 ℃反应温度下得到的平均粒径为（10 ± 3）nm 的近球形粒子。

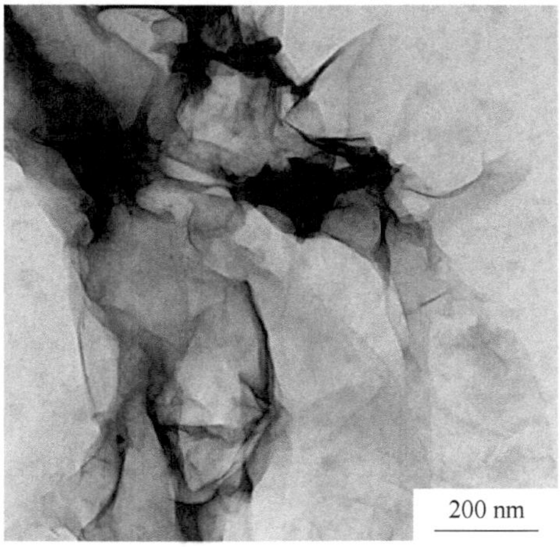


(a)

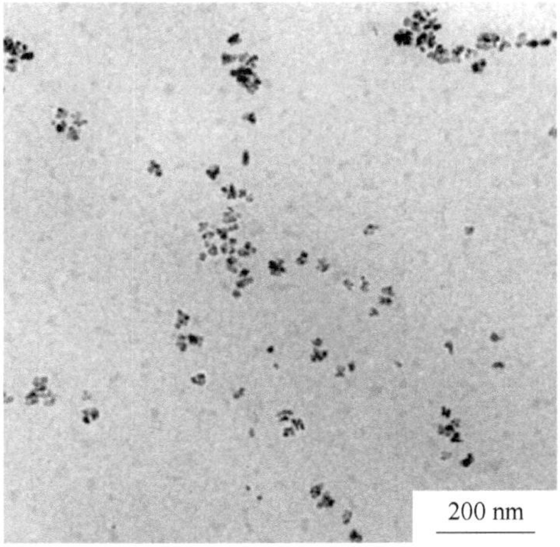


(b)

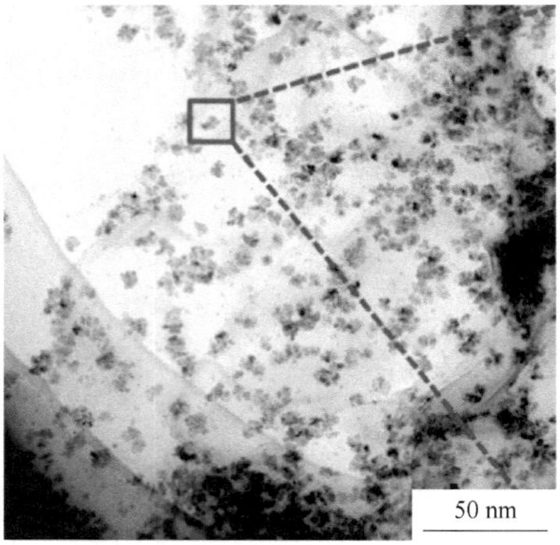


(c)

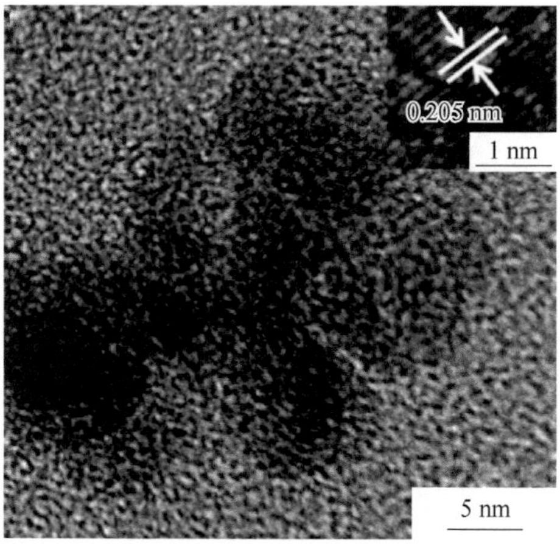


(d)

图 4-2 NGN、Go 纳米粒子以及 Co/NGN-2 纳米复合物的形貌和尺寸

(a) NGN;(b) Co NPs;(c) Co/NGN-2 的 TEM;

(d) Co/NGN-2 的高分辨 TEM

图 4-2 (c)所示为 Co/NGN-2 的形貌图，该样品是在 NGN 存在的情况下按照与 Co 纳米粒子相同的反应条件制备的。从图 4-2 (c) 中能清楚地观察到 Co 纳米粒子以花瓣状镶嵌在 NGN 的表面，且分布均匀。图 4-2 (d)进一步证实花瓣状 Co 纳米粒子是由几个小的 Co 粒子构成的，并测得其晶面间距大约为 0.205 nm，与 Co 的 (111) 晶面相吻合。相较其他文献，在 NGN 表面没有大范围的 Co 纳米粒子团聚或大的 Co 纳米粒子。这可能是由于 N—掺杂增加了 Co 纳米粒子和 C 原子之间的共价键强度，而空位缺陷则成为吸附 Co 原子的锚定位点并增强了吸附

Co 原子与 C 原子之间键合作用。在空位缺陷附近聚集了几个 Co 纳米粒子或者一个 N 原子，由于油胺单分子层与 Co 纳米粒子之间互相结合构成了小尺寸的花瓣状构型。图 4-3 所示为另外两个不同反应温度制得的 Co/NGN-1 和 Co/NGN-3 的 TEM 图。与 Co/NGN-2（图 4-2（c））比较可知，150 ℃条件下制备的复合物中在 NGN 表面形成的 Co 纳米粒子的结晶性较差（图 4-3（a））。当反应温度增加到 250 ℃（图 4-3（b））时，NGN 表面则形成较大的粒子。这些结果表明反应温度对该反应体系形成的 Co 纳米粒子的尺寸和构型均有较大影响，从而也会对其吸收特性产生影响。

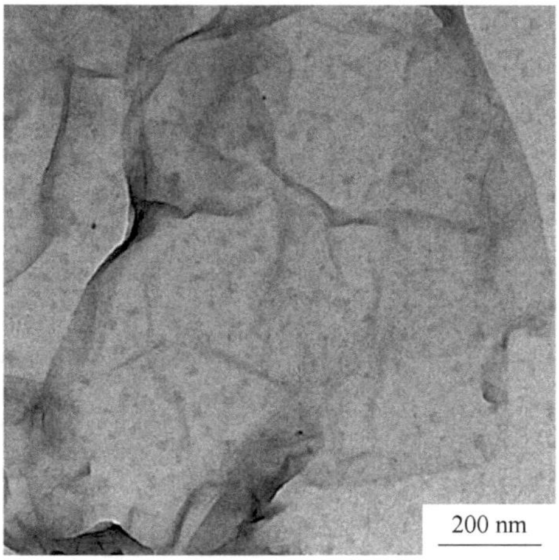


(a)

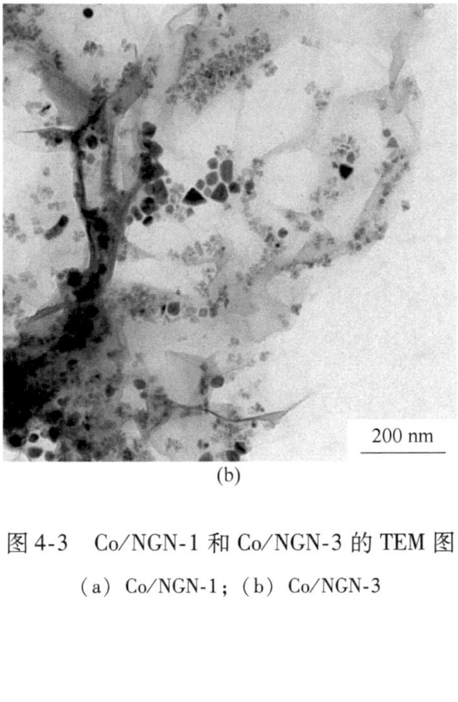


(b)

图 4-3 Co/NGN-1 和 Co/NGN-3 的 TEM 图

（a）Co/NGN-1；（b）Co/NGN-3

Co/NGN-2 和 Co 纳米颗粒的 XRD 如图 4-4 (a)所示。在 Co 纳米颗粒的 XRD 曲线中，在 44.26°、51.78° 和 75.67° 处有 3 个衍射峰，分别对应于 Co 的 (111)、(200) 和 (220) 晶面 (PDF#15-0806)。且没有 Co 的氧化物或氢氧化物的衍射峰，说明反应体系制得的是纯的 Co 纳米颗粒。而在 Co/NGN-2 样品的 XRD 曲线中，石墨烯在 26.2°处的特征衍射峰非常弱，其原因可能是由于在 NGN 表面负载了大量的 Co 纳米颗粒影响了 X 射线衍射。

图 4-4 (b)所示为在室温及 50000 Oe 磁场强度条件下测得的 Co 纳米颗粒和 Co/NGN-2 的磁滞回线 (M-H) 图。从该图可以看出这两种样品均有剩磁和矫顽力，说明其在室温下显示铁磁性，其饱和磁化强度($M_s$)分别为 99.61 emu/g 和 65 emu/g。块状 Co 属于铁磁性材料，其 $M_s$ 大约为 162 emu/g。制得的 Co 纳米粒子的 $M_s$ 明显低于块状 Co 金属，这可能是由于 Co 纳米粒子的尺寸比较小引起的。与纯 Co 纳米粒子相比，Co/NGN-2 的 Ms 明显要小，应该是由于其中有部分非磁性的 NGN 引起的。Co 纳米粒子和 Co/NGN-2 的矫顽力均为 208.6 Oe，较块体 Co(10 Oe)明显高很多，这可能是由于 Co 纳米粒子极好的晶粒尺寸的原因。而 Co 纳米粒子的高矫顽力利于使 Co/NGN 复合物的最佳电磁波吸收值向 Ku-波段移动。

利用拉曼光谱分析了 Co/NGN-2 中 C 原子的键合状态 (图 4-4 (c))，其 D 带峰和 G 带峰分别出现在 1330 $cm^{-1}$ 和 1574 $cm^{-1}$ 处，且由此计算的 $I_D/I_G$ 值为 1.14，说明 Co/NGN-2 中有较多缺陷。这是因为在石墨烯的二维六角形结构中，一些 C 原子被 N 原子取代，因而在反应过程中形成了各种各样的缺陷和混乱位点。而缺陷和混乱位点的引入有益于改善 Co/NGN-2 的电磁波吸收性能。

利用 TG 分析了 Co/NGN-2 中的 C 含量。如图 4-4 (d)所示，在 30 ~ 200 ℃温度范围内 Co/NGN-2 有少量的质量损耗，是吸附在其表面未除净的痕量油胺引起的。而 Co 纳米粒子的氧化会在 260 ~ 300 ℃范围内使样品质量轻微增加。随着温度继续上升，NGN 燃烧使 Co/NGN-2 的质量迅速下降，直到超过 550 ℃才停止。通常认为 Co 纳米粒子氧化成最终产物 $Co_3O_4$ 的过程会部分补偿由 C 燃烧造成的质量损耗，所以 C 含量 (质量分数) 按下述公式估算：

$$C = (1 - \text{有机物})\frac{M(Co_3O_4)}{3M(Co)} \tag{4-1}$$

其中，$M$ 是 Co 和 $Co_3O_4$ 的相对分子质量。由上述公式计算 Co/NGN-2 中 C 的相对含量大约为 46.41%。

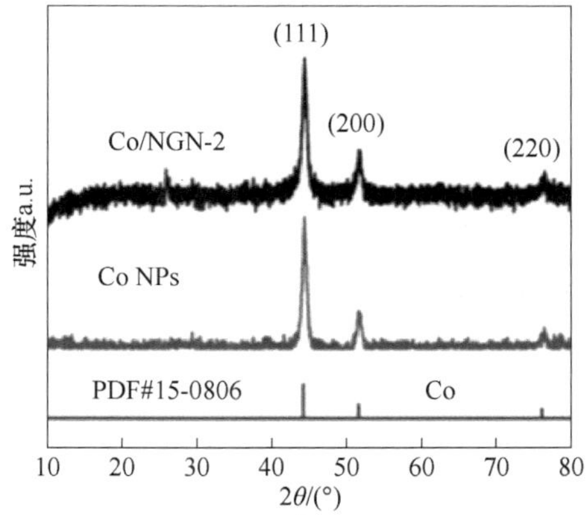
(111)
(200)
(220)
Co/NGN-2
Co NPs
PDF#15-0806
Co
强度a.u.
10
20
30
40
50
60
70
80
2θ/(°)

(a)

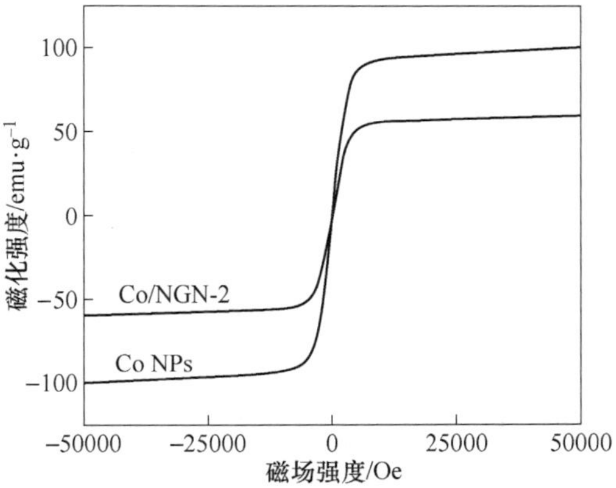
100
50
0
−50
−100
磁化强度/emu·g⁻¹
Co/NGN-2
Co NPs
−50000
−25000
0
25000
50000
磁场强度/Oe

(b)

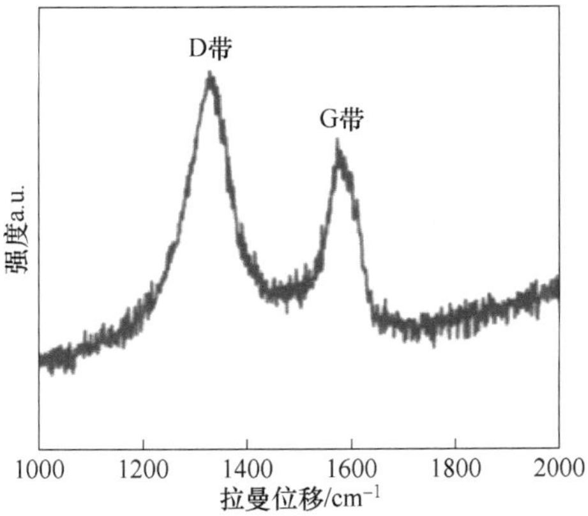
D带
G带
强度a.u.
1000
1200
1400
1600
1800
2000
拉曼位移/cm⁻¹

(c)

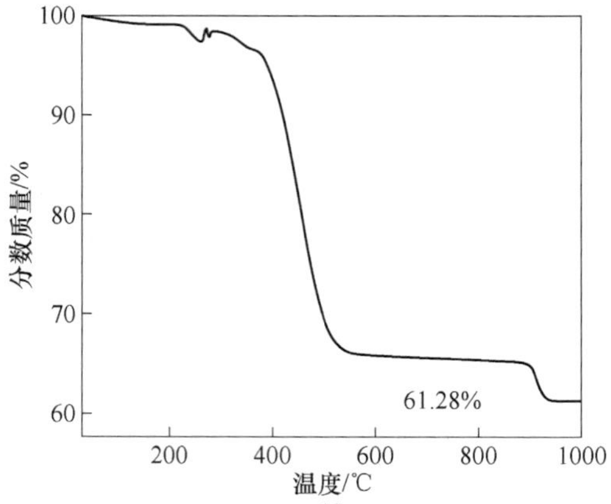

(d)

图 4-4　XRD、磁滞回线、拉曼光谱和 TGA

(a) Co/NGN-2 和 Co NPs 的 XRD；(b) Co/NGN-2 和 Co NPs 的室温磁滞回线；
(c) Co/NGN-2 的拉曼光谱；(d) Co/NGN-2 的 TGA

用 XPS 测定了 Co/NGN-2 的元素组成和价态（图 4-5）。在图 4-5(a) 中仅能看到 C 1s、N 1s、O 1s 和 Co 2p 的元素峰。对 Co 2p 的电子（图 4-5(b)）来说，在 780.65 eV 和 795.65 eV 处有两个峰，分别对应于金属 Co 价态的 Co $2p_{3/2}$ 和 Co $2p_{1/2}$，且明显高于块状 Co 金属的相应峰值。图 4-5(c) 中 398.35 eV 和 400.4 eV 处的两个峰是通过对 N 1s 电子的高分辨率扫描得到的，分别对应于吡啶型 N。图 4-5(d) 为高分辨 C 1s 谱，其中可以看到峰值为 285.51 eV 的 C—N 峰，应与 C—N 键中 C 的特征峰有关，说明 N 原子已合并入石墨烯骨架结构。这一结果与

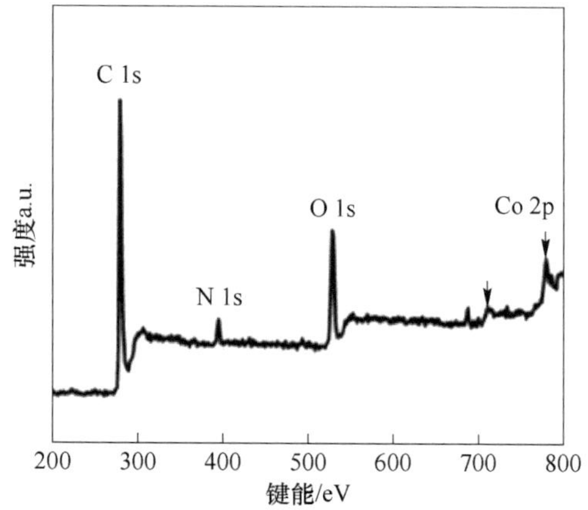

(a)

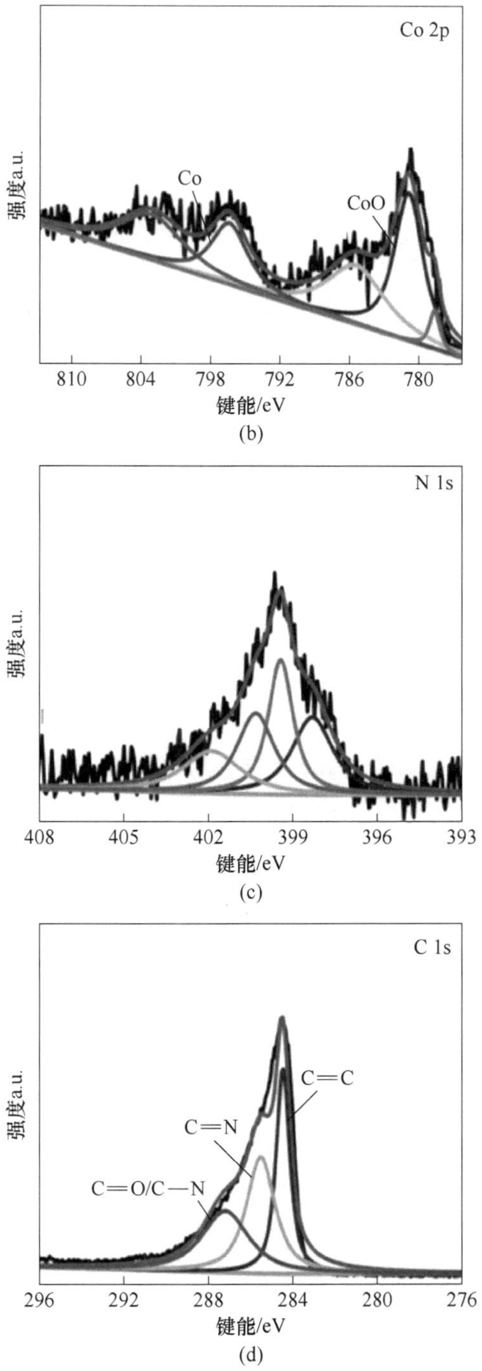


图 4-5　XPS 谱

（a）Co/NGN-2 的 XPS 谱；（b）全扫描；（c）Co 2p 谱；（d）N 1s 谱

Co/NGN-2 的 XRD 测定结果中只有金属 Co 特征峰相吻合。另外，Co/NGN-2 中 Co 2p 电子键能的明显蓝移说明当电磁波被吸收时，电子能从 Co 原子向 C 原子转移，这能明显改善 Co/NGN-2 的电损耗能力。通过综合比较峰面积得到 Co/NGN-2 中 Co 和 N 原子的含量（质量分数）分别为 2.33% 和 6.16%。

### 4.3.2　电磁波吸收性能分析

吸收剂的电磁波吸收性能取决于它的复介电常数 $\varepsilon_r(\varepsilon_r = \varepsilon' - j\varepsilon'')$ 和复磁导率 $\mu_r(\mu_r = \mu' - j\mu'')$。其中，$\varepsilon'$和 $\mu'$代表实部，$\varepsilon''$和 $\mu''$代表虚部。所以可以通过对这四组数值的分析来判断吸收剂的吸收性能。

为了比较 Co/NGN 复合材料中 Co 纳米颗粒尺寸和形状对其电磁波吸收性能的影响，对 Co/NGN-1、Co/NGN-2 和 Co/NGN-3 在 2～18 GHz 下的复介电常数和磁导率进行了仔细研究（图 4-6）。从图 4-6(a) 和 (b) 可以看出，Co/NGN-1 的 $\varepsilon'$和 $\varepsilon''$值分别是 12.61～25.75 和 14.91～7.15，而 Co/NGN-2 和 Co/NGN-3 的 $\varepsilon'$值分别降低到 9.97～6.84 和 8.60～6.55，其 $\varepsilon''$值则分别降低到 4.06～2.08 和 2.78～1.77。样品的 $\varepsilon'$和 $\varepsilon''$均随着反应温度的升高而降低，但相对复磁导率变化不大。这可能是由于 Co 纳米颗粒的形貌、尺寸和结晶度随着反应温度的升高而改变，这些都会影响 Co/NGN 样品的电导率。高介电常数的材料对电磁波辐射有阻抗匹配性差、反射强、吸收弱等缺点。

图 4-6(c) 和 (d) 所示为样品 Co/NGN-1、Co/NGN-2 和 Co/NGN-3 的复磁导率随频率的变化情况图。在这 3 个样品中，Co/NGN-1 的 $\mu'$和 $\mu''$值最低，而其

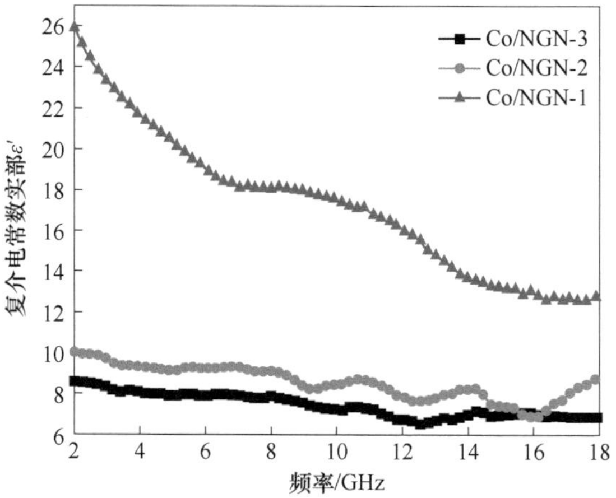

(a)

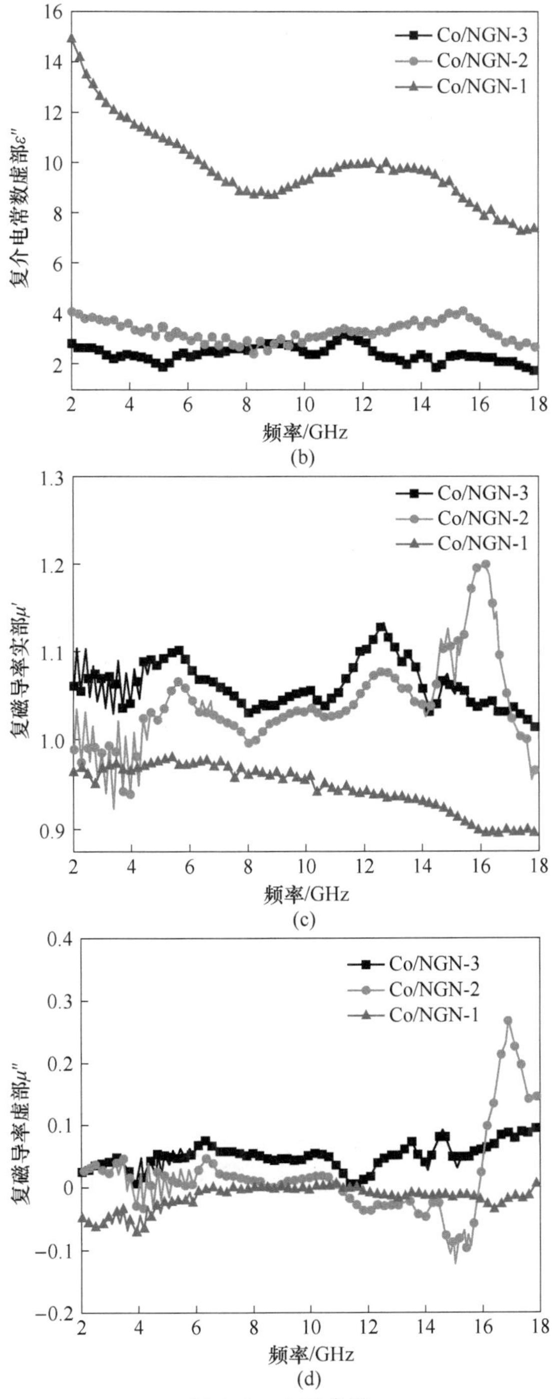


图 4-6 电磁参数

（a）Co/NGN-1、Co/NGN-2 和 Co/NGN-3 样品的相对介电常数实部；（b）相对介电常数虚部；（c）相对磁导率实部；（d）相对磁导率虚部对频率的依赖性

他两个样品的$\mu'$的值和$\mu''$值均较 Co/NGN-1 略有增加，这可能主要是由于随着反应温度的升高体系生成的 Co NPs 粒径增大。同时，在样品中能测得一些负的$\mu''$值，这可能是由于从样品中辐射出磁能引起的。上述结果表明，增大 Co 的粒径不仅可以降低复介电常数的值，还可以提高复磁导率的值。

材料可以通过介电损耗和磁损耗消耗来电磁波能量。为了比较 Co/NGN-1，Co/NGN-2 和 Co/NGN-3 的电磁波的吸收能力，图 4-7 分析了 3 个样品的介电损

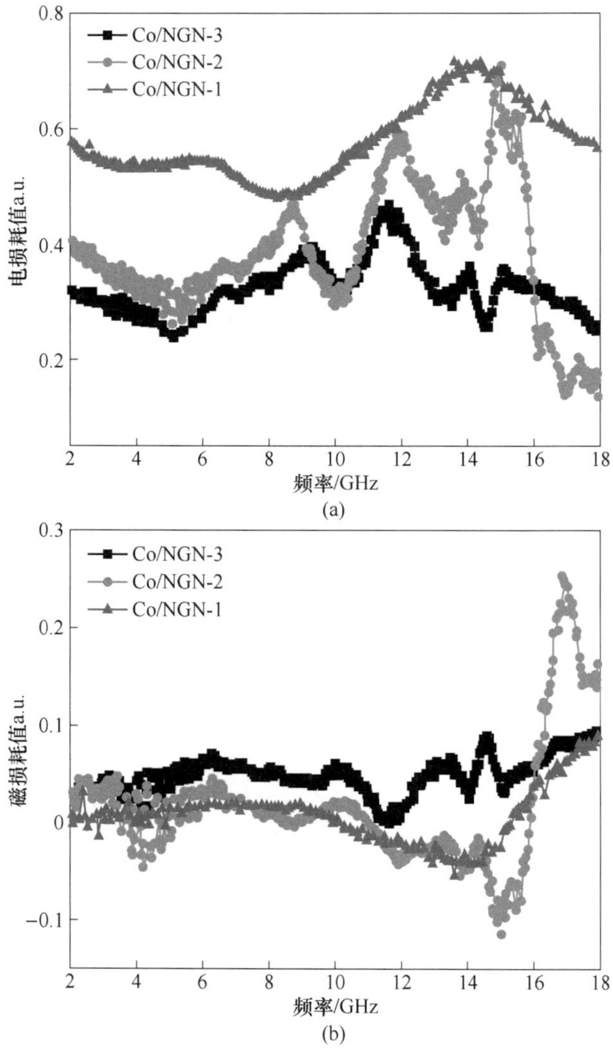


图 4-7　电磁损耗

（a）介电损耗；（b）磁损耗对频率的依赖性

耗和磁损耗。由图 4-7 可以看出，Co/NGN-1 比 Co/NGN-2 和 Co/NGN-3 具有更高的介电损耗值。且 Co/NGN-2 与 Co/NGN-3 的介电损耗值基本相等（图 4-7(a)）。这 3 个样品的磁损耗值，如图 4-7(b) 所示，证明了磁损耗的存在。Co/NGN-3 的最大磁损耗值高于其他两个样品，但是在 16 ~ 18 GHz 范围内 Co/NGN-2 的磁损耗值则高于其他两个样品，这可能与 NGN 表面形成的花瓣状 Co NPs 有关。

畴壁共振、涡流效应（$C_o$）、自然共振和交换共振是电磁波吸收剂磁损耗的主要影响因素。如果吸收剂的 $C_o$ 值在 2 ~ 18 GHz 频率范围内变化不大，则表明磁损耗主要是由 $C_o$ 引起的。否则就可能是其他几个因素造成的。$C_o$ 值由如下公式得到：

$$C_o = \mu''(\mu')^{-2}f^{-1} \tag{4-2}$$

从图 4-8(a) 可以看出，在 2 ~ 18 范围 GHz 内 3 个样品的 $C_o$ 值均不是一个常数。因此，其磁损耗可以归结为由畴壁共振、自然共振和交换共振等因素引起。

通常利用吸收剂的阻抗匹配性来判断入射电磁波是否易于进入吸收剂。它可以用 $Z = |Z_{in}/Z_0|$ 的值来表示，其中 $Z_0$ 是自由空间的阻抗。如果所有的 $Z$ 值都接近 1，就说明所有的电磁波都进入了吸收剂内部。Co/NGN-1、Co/NGN-2、Co/NGN-3 的 $Z$ 值如图 4-8(b) 所示，其中 Co/NGN-2 的 $Z$ 值在 13.48 GHz 时非常接近于 1，这说明相较其他两个样品，电磁波更易于进入 Co/NGN-2。

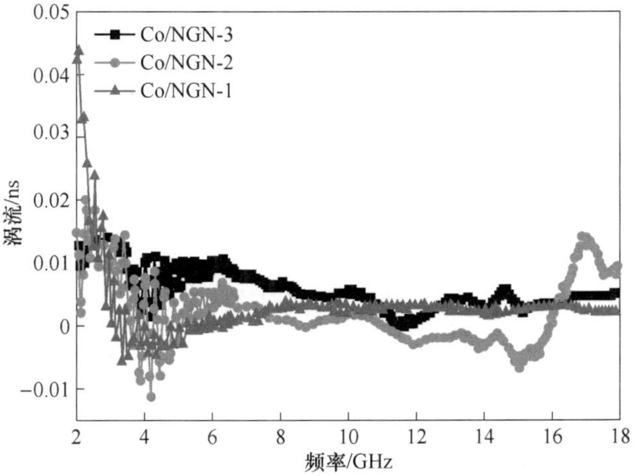

(a)

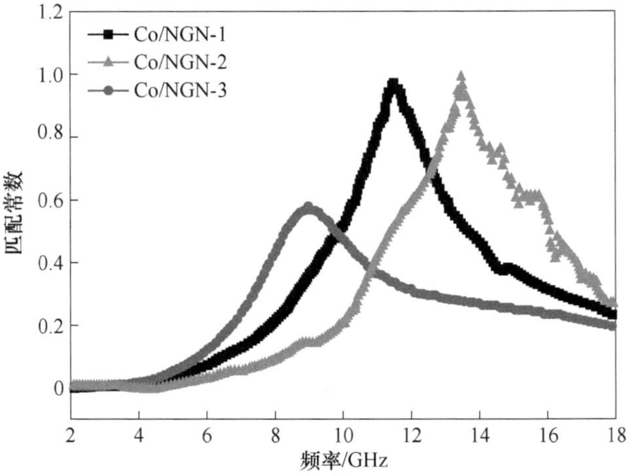

(b)

图 4-8　涡流和阻抗匹配

(a) 3 个样品的涡流；(b) 阻抗匹配

图 4-9 和图 4-10 所示为各样品在厚度为 1.0～5.5 mm、石蜡中填充量为 15% 时测得的电磁波吸收性能。其中，Co NPs 和 NGN 的电磁吸收行为较差，其最小 *RL* 值（$RL_{min}$）分别仅为 −5.65 dB 和 −5.05 dB，这可能是由于 Co 和 NGN 都仅靠磁损耗或电损耗中的一种方式来吸收电磁波。与 Co NPs 和 NGN 的 *RL* 值相比，Co/NGN 复合材料在厚度范围在 1.0～5.5 mm 范围内其整个频段（2～18 GHz）的吸收性能均较好，这可能是由于小尺寸 Co NPs 均匀分布在富含缺陷的 NGN 表面的自然物理性质所致。因此，Co/NGN 能有磁损耗和电损耗两种方式来消耗电磁波能量，这会导致该材料有良好的匹配常数而提高电磁波吸收值。从图 4-10(a) 和 (b) 可以看出 Co/NGN-1 样品最小值 −12.68 dB 出现在厚度 2 mm 时的 8.5 GHz 处，这个值优于 Co NPs 和 NGN 单独使用的值。然而 Co/NGN-1 样品的电磁波吸收能力还很差，这可能是由于该样品的高介电常数导致低阻抗匹配和高的反射率。

当花瓣状 Co 纳米颗粒原位负载到 NGN 表面时，样品 Co/NGN-2 的电磁波吸收能力明显提高，因而在厚度范围为 1.0～5.5 mm 时其反射率值均小于 −20 dB。尤其是在 Ku 波段（12～18 GHz）的吸波性能非常好，其在 13.48 GHz 处出现的最小反射率值为大约 −45.8 dB，而其有效吸收带宽（反射率小于 −10 dB）为 4.6 GHz（图 4-9(c) 和 (d)）。另外，当 Co/NGN-2 的厚度范围在 1.0～5.5 mm

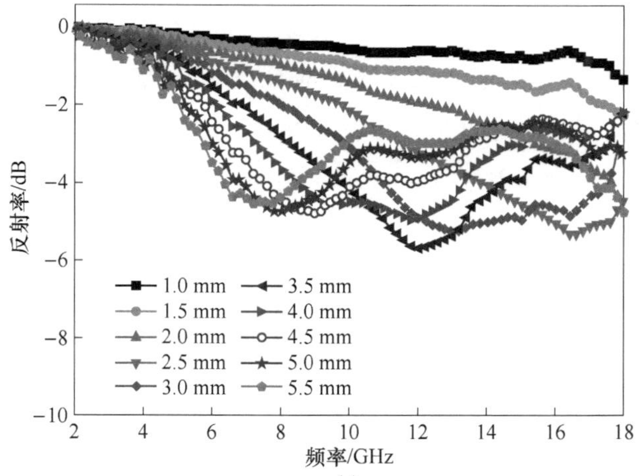

(a)

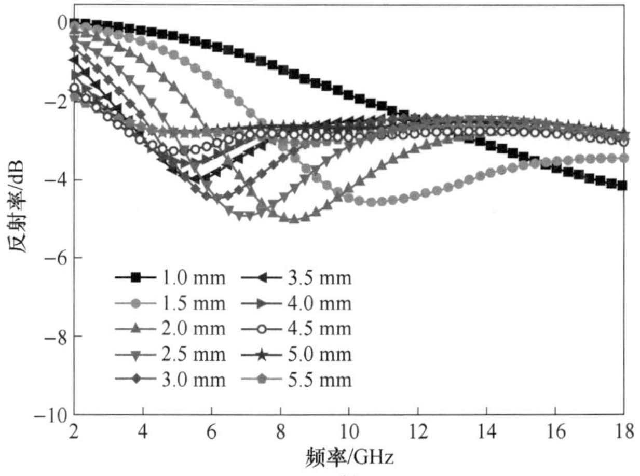

(b)

扫一扫看
更清楚

图 4-9　Co 纳米颗粒 NGN 的反射率

（a）在加入量（质量分数）为 15% 时得到的不同厚度下样品的反射率曲线；（b）Co 纳米颗粒 NGN

时，其有效吸收带宽可以达到 13.68 GHz。同时，列举一些吸收剂在 Ku 波段的电磁波吸收性能（表 4-1）。从测试结果与表 4-1 比较可知，Co/NGN-2 在电磁波吸收特性方面有明显的优势，如最小反射率值和有效吸收带宽。Co/NGN-3 的最小反射率值大约为 −38.5 dB，出现在频率 11.48 GHz、厚度 2.5 mm 处，其有效吸收带宽（*RL* 小于 −10 dB）为 3.6 GHz（图 4-10(e)和(f)）。其数值明显小于 Co/NGN-2 的原因可能是由于 NGN 表面存在的大粒径 Co NPs 降低了阻抗匹配。

从以上数据分析可以看出，Co/NGN 复合材料在电磁波吸收性能上优于 Co 和 NGN，且其电磁波性能增强取决于磁性 Co NPs 与富含缺陷的 NGN 之间的电磁协同作用。尤其是花瓣状的 Co NPs 与 NGN 形成的 Co/NGN-2 具有最佳的电磁波吸收性能。这可能是因为 Co/NGN-2 的介电损耗和磁损耗值均居中，因而

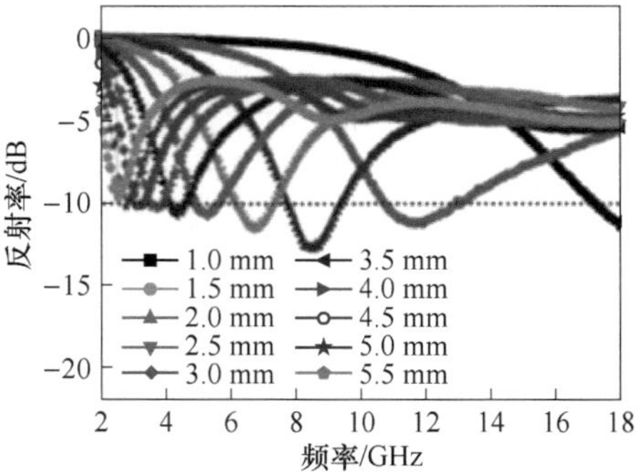


(a)

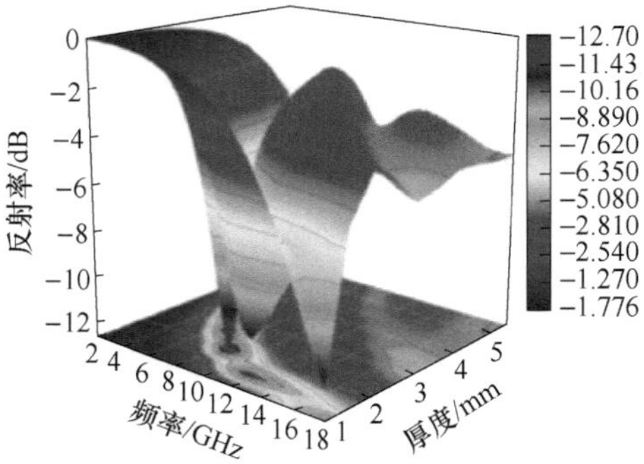


(b)

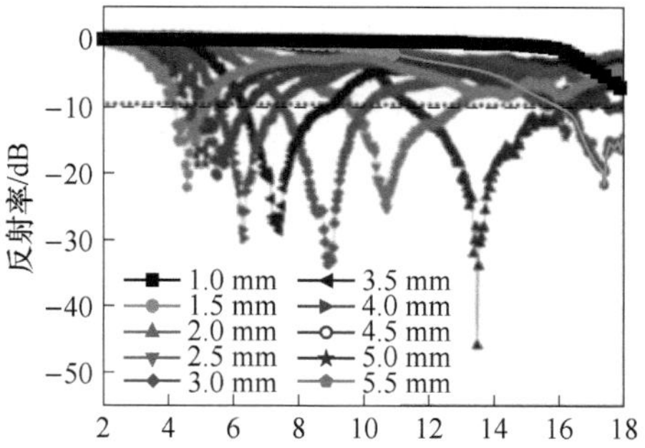


(c)

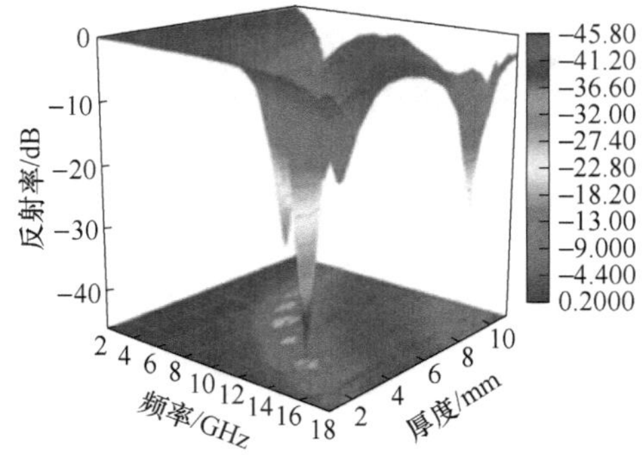


(d)

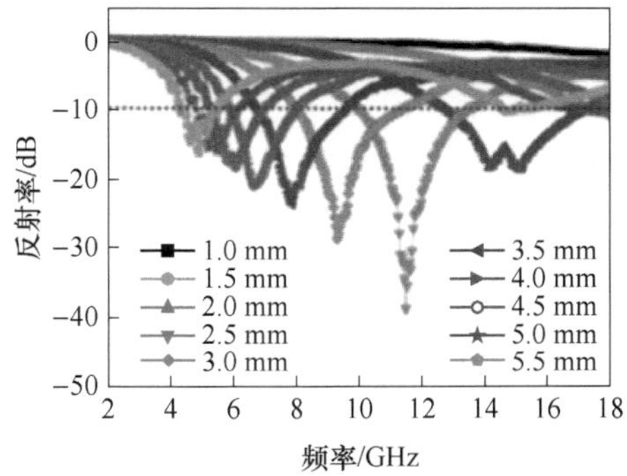


(e)

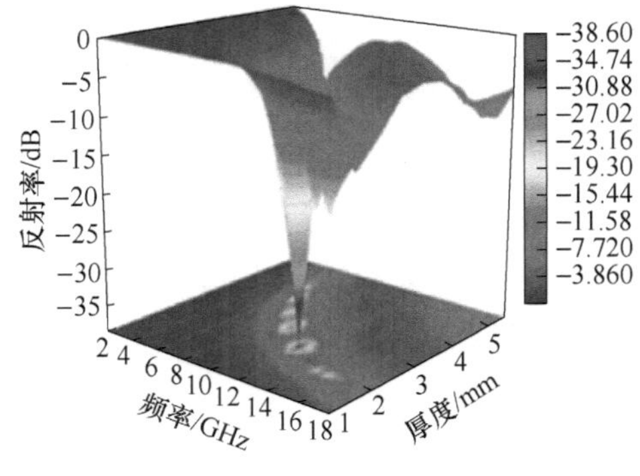


(f)

扫一扫看
更清楚

图 4-10 反射率和三维曲线

(a)(b) 三个样品在加入量（质量分数）15% 时得到的 *RL-f* 曲线及其三维关系图 Co/NGN-1 NPS；(c)(d) Co/NGN-2；(e)(f) Co/NGN-3

具有良好的阻抗匹配，而小尺寸的花瓣状 Co NPs 会引起电磁波的多次反射和散射。

**表 4-1　部分复合物在 Ku 波段的电磁波吸收性能**

| 吸收剂 | 填充量①质量分数/% | 厚度/mm | 最小反射率②/dB | 带宽③/GHz |
| --- | --- | --- | --- | --- |
| $Fe_3O_4$-RGO | 50 | 3.9 | -44.6 | 4.3 |
| FeCo/CNT | 50 | 1.6 | -30.7 | 4.64 |
| Ni/$TiO_2$ | 70 | 2.5 | -16.9 | 2.4 |
| Co/C-600 | 20 | 2.0 | -14.9 | 2.9 |
| Co-C/MWCNTs | 15 | 2.0 | -23.5 | 4.5 |
| Co-CNT | 20 | 3.0 | -39.3 | 3.5 |
| SiC/$SiO_2$ | 30 | 1.5 | -19.13 | 4.4 |
| $BLCN_3$ | 20 | 1.5 | -45.3 | 4.2 |
| Flower-like Ni | 70 | 2.0 | -17 | 0.9 |
| Co/NGN-2 | 15 | 2.0 | -45.8 | 4.6 |

①样品在石蜡中含量；②指最小反射率值；③有效电磁波吸收带宽（反射率小于 -10 dB）。

图 4-11 揭示了花瓣状 Co/NGN 复合物（Co/NGN-2）的电磁波吸收机理。小尺寸磁性 Co 颗粒与富含缺陷的 NGN 组成的复合物具有良好的匹配阻抗，因而大多数入射电磁波可以进入 Co/NGN 复合材料。具有较高电磁波衰减能力的花瓣状 Co/NGN 复合物（Co/NGN-2）具有较强的电磁波吸收能力。其强电磁波吸收机理可以从以下几个方面来解释。首先，花瓣状 Co/NGN 复合材料（Co/NGN-2）中存在的大量界面和层状结构可以诱导入射电磁波的多次散射，提高电磁波的能量消耗。其次，当电磁波在花瓣状 Co 纳米颗粒中传输时，它们通过铁磁损耗和自然谐振损耗等损耗来耗散能量。而当它们在富含缺陷的 NGN 中传输时，则通过电子极化和缺陷极化等介电损耗来耗散能量。另外，当电磁波从花瓣状 Co 纳米颗粒向 NGN 传输时，偶极极化和界面极化都有助于电磁波的衰减和能量转换。

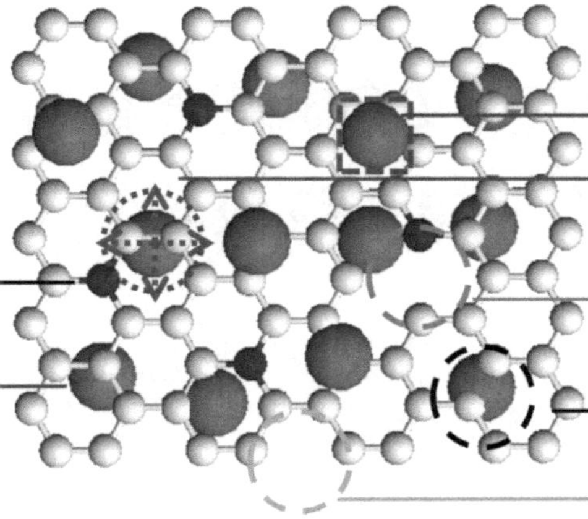


图 4-11　Co/NGN 样品的电磁波吸收行为图解

## 4.4 结　论

本书采用热分解法成功地合成了 Co NPs 和 Co/NGN。通过比较 Co/NGN 复合材料、Co NPs 和 NGN 的性能发现，Co/NGN 复合材料具有较优异的电磁波吸收性能，这可能是由于 Co/NGN 复合材料中具有磁性的 Co NPs 和具有介电特性的富含缺陷的 NGN 的协同作用所致。在 1.0 ~ 5.5 mm 厚度范围内，花瓣状 Co/NGN 复合材料（Co/NGN-2）的 *RL* 值均小于 −20 dB。特别是在 Ku 波段（12 ~ 18 GHz），其电磁波吸收性能非常优异。Co/NGN-2 的最小 *RL* 值（−45.8 dB）出现在 13.48 GHz 处，而其有效吸收带宽（*RL* 小于 −10 dB）为 4.6 GHz。另外，当 Co/NGN-2 的涂层厚度在 1.0 ~ 5.5 mm 范围内时，其有效吸收带宽可以达到 13.68 GHz。这些研究结果表明，花瓣状 Co/NGN 复合材料在电磁波吸收领域具有重要的应用价值。

# 5 $NiFe_2O_4$/RGO 复合材料的制备及其电磁波吸收特性

## 5.1 引　言

近年来，随着碳基材料的发展，具有特殊表面性质和层状结构的石墨烯的电磁波吸收性能被广泛研究。特别是以石墨烯为基体的复合材料的电磁波吸收性能备受关注。尖晶石型铁氧体因为具有很好的磁性而很早就被用于电磁波吸收领域，它具有制备简单，高温性能稳定等多个优点而被广泛研究。尖晶石型铁氧体是具有反式尖晶石结构的 $Fe_3O_4$，它是离子型化合物，通式为 $B(AB)O_4$。其中铁呈现两种价态：一个亚铁离子（A 位）分布在八面体空隙；两个铁离子（B 位）一半分布在四面体空隙，而另一半分布在八面体空隙通过采用不同金属替换 A 位（$Fe^{2+}$）和 B 位（$Fe^{3+}$）的铁离子可以得到不同性能的材料。反式尖晶石结构的 $Fe_3O_4$ 的空间组合为 Fd-3 m，它是由 32 个 $O^{2-}$ 沿着 {110} 方向常规紧密堆积的立方体，晶格常数 $a=0.839$，金属离子镶嵌在密堆的氧离子间隙之中。间隙分为两类：一类是间隙较小的四面体座，它被 4 个氧离子所包围，这 4 个氧离子的中心联线构成四面体；另一类为间隙较大的八面体座，它被 6 个氧离子包围，这 6 个氧离子的中心联线构成八面体。尖晶石结构的单位晶胞含有 8 个分子，其中 32 个氧离子共组成 64 个四面体座和 32 个八面体座，金属离子只占据其中的 8 个四面体座（A 位）与 16 个八面体座（B 位），再由 A 离子占据 64 个四面体空隙的 18，即 8 个 A 位，B 离子占据 32 个八面体空隙的 12，即 16 个 B 位。由此得出尖晶石单位晶胞的通式为 $A_8B_{16}O_{32}$，简化后常写作 $AB_2O_4$。尖晶石型铁磁体中，A 和 B 离子的化合价比为 2∶3。根据经验数据可将大部分二、三价离子的优先顺序排出：$Zn^{2+}$、$Cd^{2+}$、$Ga^{2+}$、$In^{3+}$、$Mn^{2+}$、$Fe^{3+}$、$Mn^{3+}$、$Fe^{2+}$、$Mg^{2+}$、$Cu^{2+}$、$Co^{2+}$、$Ti^{3+}$、$Ni^{2+}$ 和 $Cr^{3+}$。排序越靠前，越容易进入四面体填隙；越靠后则越容易八面体填隙。此外，当 A 和 B 为不同金属时对尖晶石型复合金属氧化物材料的磁性和电性能都有很大影响，这些性能的改变不仅与 A、B 金属的化学成分有关，也与组成阳离子的电荷、晶体化学以及形成时的物理化学环境等有关。然而，目前研究石墨烯和尖晶石复合材料的电磁波相关性能的研究都是以 $Fe_3O_4$ 纳米颗粒为主。而且多为在水溶性体系中制备样品。这对后续的分散使用性有一定的限制。具有良好分散性的尖晶石/石墨烯材料在各个领域都有广泛的应用，尤其是在微波吸收剂方面。尖晶石/石墨烯材料在工业微波吸收剂中具有实际应用价值，可以很容易地分散到载体液体（有机溶剂和树脂）中，得到微波吸收剂涂料。因此，获得分散良好的微波吸收材料十分重要。

本章采用溶剂热法合成了用 Ni 来代替尖晶石结构中二价位置的纳米颗粒并将其与还原氧化石墨烯进行复合，该复合材料具有分散性好、微波吸收性能优异等优点。并对制备的复合材料的尺寸、形貌、结构和微波吸收性能进行了系统的研究。

## 5.2 实 验 部 分

以石墨烯、油酸铁和油酸镍为原材料，采用水热法合成了 $NiFe_2O_4$/RGO 复合材料。混合的油酸铁镍是通过经典的方法制备出的。将 40 mmol 的 $FeCl_3 \cdot 6H_2O$、20 mmol 的 $NiCl_2 \cdot 4H_2O$、160 mmol 的油酸钠溶于 100 mL $H_2O$、100 mL 乙醇和 200 mL 已烷组成的混合溶剂中。将溶液在 60 ℃下加热混合 4 h。有机层用 50 ml 蒸馏水在分液漏斗中洗涤 5 次。洗涤后，除去已烷，得到的金属（$Ni^{2+}$，$Fe^{3+}$）-油酸盐混合物呈蜡状固体。

RGO 是通过用水合肼还原氧化石墨烯（GO）得到的。将氧化石墨烯（100 mg）分散在 100 mL 水中。加入水合肼，80 ℃搅拌 24 h。还原氧化石墨烯逐渐析出，形成黑色固体。产品经过滤和去离子水充分洗涤分离。所得的还原氧化石墨粉在 150 ℃的真空烘箱中干燥 24 h。将 0.02 g RGO 和 0.5 g PIBSI 加入混合金属（$Ni^{2+}$、$Fe^{3+}$）-油酸盐混合物的庚烷溶液中，充分搅拌，然后再转移到 50 mL 特氟龙内衬的不锈钢高压反应釜中，填充量不超过 70%，水热反应温度为 160 ℃，反应时间为 12 h。待冷却到室温后，将样品用体积比为 5∶1 的乙醇/已烷混合液洗涤 5 次（离心液在 6000 r/min 下离心分离 10 min），去除残液。纯 $NiFe_2O_4$ NPs 的制备方法相同。

# 5.3　结果讨论

## 5.3.1　结构表征

用透射电镜详细地表征了 $NiFe_2O_4$/RGO 复合材料的形貌和尺寸。TEM 图像及其相应的颗粒粒径，如图 5-1(a)和(b) 所示。由图 5-1(a) 可见，小尺寸石墨烯纳米片负载良好，表面均匀沉积着近单分散的 $NiFe_2O_4$ NPs。近透明的石墨烯薄片被完全剥开，石墨烯金属氧化物纳米复合材料的形成机理之前已经讨论过。将 $NiFe_2O_4$ 纳米颗粒锚定在剥落的 RGO 薄片上的形成过程，可以认为是首先金属（$Ni^{2+}$ 和 $Fe^{3+}$）-油酸吸附在层状 RGO 薄片表面，然后是 $NiFe_2O_4$ 晶体的成核

(a)

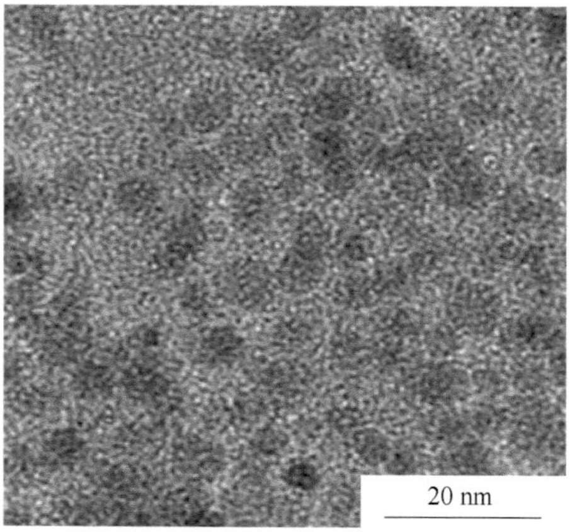


(b)

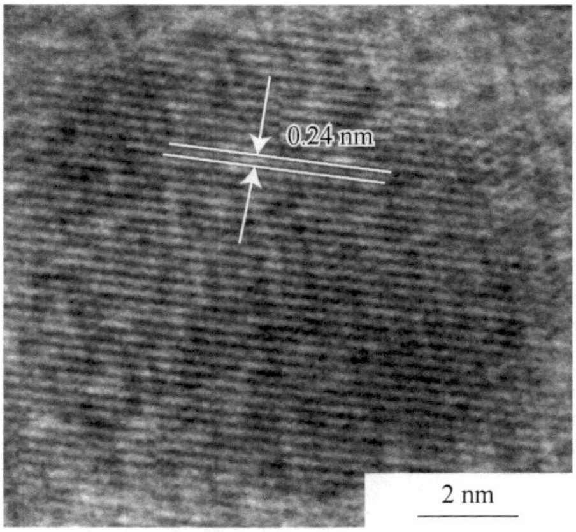


(c)

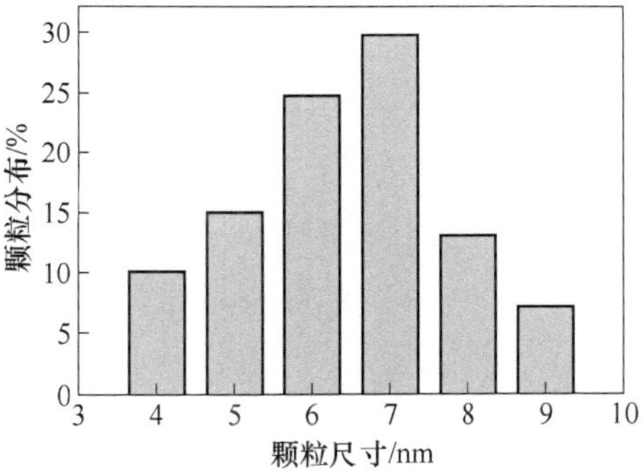


(d)

图 5-1 复合材料相貌尺寸

(a)(b) $NiFe_2O_4$/RGO 的 TEM；(c) HRTEM；(d) 粒径分布

和生长，从而形成了 $NiFe_2O_4$/RGO 复合材料。锚定在石墨烯片表面的 $NiFe_2O_4$ 纳米晶呈球状分布，具有良好的分散性和较大的比表面积，可以提供更多的活性吸附位点和电磁波吸收中心。因此，$NiFe_2O_4$/RGO 复合材料的电磁波吸收性能增强。图 5-1(c) 所示为 $NiFe_2O_4$ NPs 的高分辨率 TEM（HRTEM）图，从中可以观察到约 0.240 nm 的晶面间距，与立方尖晶石晶体 $NiFe_2O_4$ 的（311）晶面相对应。$NiFe_2O_4$ NPs 在复合材料中的平均尺寸约为 7 nm，这是通过随机测量粒子得到的（图 5-1（d））。

为了研究还原氧化石墨烯对 $NiFe_2O_4$ NPs 晶体尺寸的影响，还用类似的方法制备了纯 $NiFe_2O_4$ NPs。利用 TEM 分析了 $NiFe_2O_4$ NPs 粒径的大小（图 5-2）。通

过随机测量 $NiFe_2O_4$ NPs 的颗粒大小，可以确定其平均粒径为 8 nm。

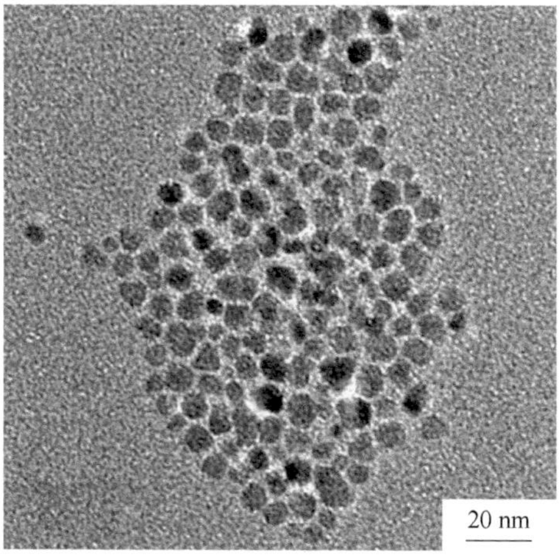


图 5-2　$Ni_2FeO_4$ 的 TEM

利用拉曼光谱来进一步研究复合材料中的 RGO 相。如图 5-3 所示，有两个明显的拉曼峰存在，一个是 1366 $cm^{-1}$左右的 D 带，即碳材料中的无序结构，另一个是 1580 $cm^{-1}$左右的 G 带，即结晶石墨结构。D 带和 G 带的相对强度与 $NiFe_2O_4$/RGO 样品中结构缺陷和 $sp^3$ 杂化碳原子的数量有关。据报道，氧化石墨烯还原成石墨烯时，G 和 D 带的拉曼位移会降低。

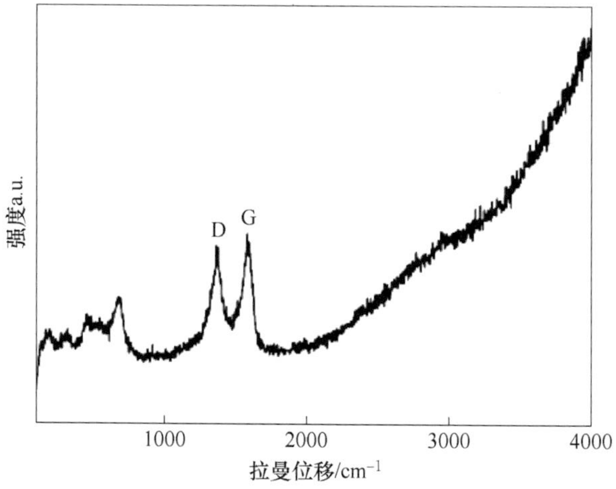


图 5-3　$NiFe_2O_4$/RGO 的拉曼图

如图 5-4 所示，利用 XRD 对 $NiFe_2O_4$、$NiFe_2O_4$/RGO 复合材料和 RGO 进行了表征。其中，$NiFe_2O_4$ 纳米颗粒（曲线 *a*）在 30.0°、35.5°、43.0°、53.0°、57.0°、62.6°处的衍射峰分别对应于 $NiFe_2O_4$（JCPDS No. 87-2338）的（220）、（311）、（400）、（422）、（511）、（440）晶面，与纯尖晶石晶体结构一致。利用谢乐公式计算出纳米粒子的平均粒径为 8.2 nm。石墨化碳（曲线 *c*）的（002）特征峰非常微弱，这表明在这种石墨烯基复合材料中大部分为无序的碳结构，这与之前对化学衍生石墨烯的表征结果一致。在 $NiFe_2O_4$/RGO 复合材料（曲线 *b*）中既有氧化石墨烯的（002）和（001）峰存在，也有 $NiFe_2O_4$ 的衍射峰也存在，这表明纳米复合材料中同时存在氧化石墨烯和 $NiFe_2O_4$。但如果 $NiFe_2O_4$ 纳米颗粒的覆盖足够密集，RGO 薄片就不能再相互堆积而形成晶体结构。这可能是它们的衍射峰强度相对较低的原因。然而，RGO 在 TEM 图中是可见的，并通过拉曼分析也能检测到，这些都说明了其在 $NiFe_2O_4$/RGO 复合材料中的存在。比较图 5-4 中 *a* 和 *b* 可知，$NiFe_2O_4$ 纳米颗粒的特征峰比 $NiFe_2O_4$/RGO 的更尖锐，这说明其在晶体生长过程中发生的典型转变。利用谢乐公式计算出该纳米颗粒的平均粒径为 10.1 nm。纯 $NiFe_2O_4$ 纳米颗粒的尺寸大于加载在 RGO 表面的 $NiFe_2O_4$ 颗粒尺寸，这可能是因为 RGO 有利于形成较小的 $NiFe_2O_4$ 颗粒。

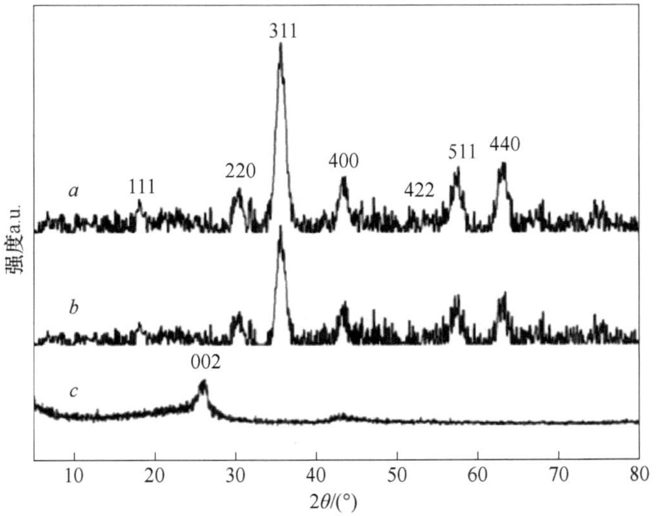


图 5-4 XRD 图

*a*—$NiFe_2O_4$；*b*—$NiFe_2O_4$/RGO；*c*—RGO

对 RGO、$NiFe_2O_4$/RGO 和 $NiFe_2O_4$ 进一步进行 FT-IR 测试，如图 5-5 所示，

当氧化石墨烯转化成石墨烯时，3400 $cm^{-1}$处的峰消失，这是由于氧化石墨烯被吸附的水分子和表面—OH 基团的 O—H 伸缩振动所致。在 1579 $cm^{-1}$附近的吸附峰，可能与未氧化碳主链的拉伸振动有关。最强特征峰出现在 601 $cm^{-1}$附近，可以归因于 Fe—O 和 Ni—O 拉伸引起的。PIBSI 的-$CH_2$ 拉伸对应于 2925 $cm^{-1}$和 2850 $cm^{-1}$处的峰，说明有 PIBSI 吸附在 $NiFe_2O_4$/RGO 复合材料表面。1414 $cm^{-1}$处的峰值为 PIBSI 的-$CH_2$ 弯曲振动。PIBSI 分子的极性基团与 $NiFe_2O_4$/RGO 复合材料及其载体的表面原子有很强的结合，这就是溶剂热法制备的 $NiFe_2O_4$/RGO 复合材料能够在已烷中稳定分散的原因。

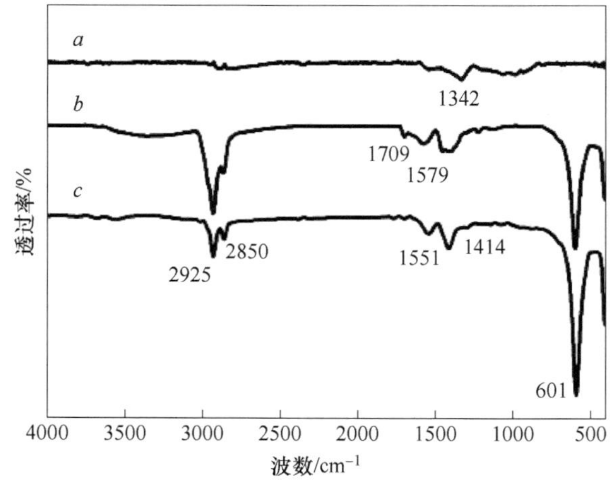


图 5-5　红外谱图

*a*—RGO；*b*—$NiFe_2O_4$/RGO；*c*—$NiFe_2O_4$

通过测量磁化曲线，研究了 300 K 时 $NiFe_2O_4$ 和 $NiFe_2O_4$/RGO 的磁化特性（图 5-6），最大磁场为 20000 Oe。$NiFe_2O_4$ 和 $NiFe_2O_4$/RGO 的磁化曲线均显示出典型的超顺磁行为，矫顽力和剩磁可以忽略不计。$NiFe_2O_4$ 和 $NiFe_2O_4$/RGO 复合材料的饱和磁化强度分别为 41.14 emu/g 和 31.66 emu/g。$NiFe_2O_4$/RGO 复合材料的饱和磁化强度小于 $NiFe_2O_4$ 纳米晶的原因是在 $NiFe_2O_4$/RGO 复合材料中加入了无磁性的 RGO。

$NiFe_2O_4$/RGO 样品的 TGA 分析结果如图 5-7 所示。在整个温度范围内，$NiFe_2O_4$/RGO 复合材料（质量分数）的失重率约为 15.98%。根据质量损失，可以得出复合材料中 $NiFe_2O_4$ NPs 的质量分数约为 84.2%。

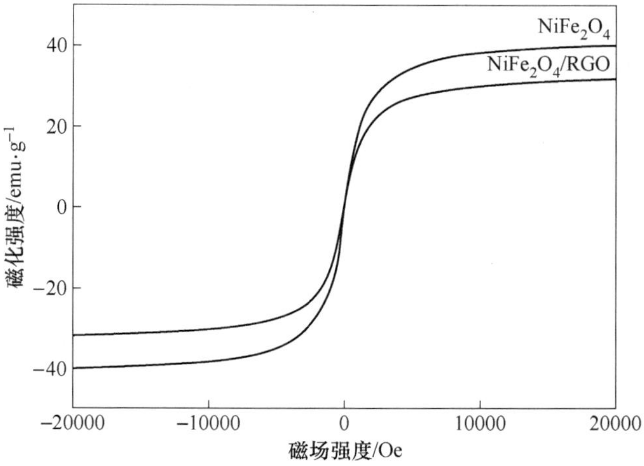


图 5-6　在 300 K、20 kOe 条件下的磁滞回线

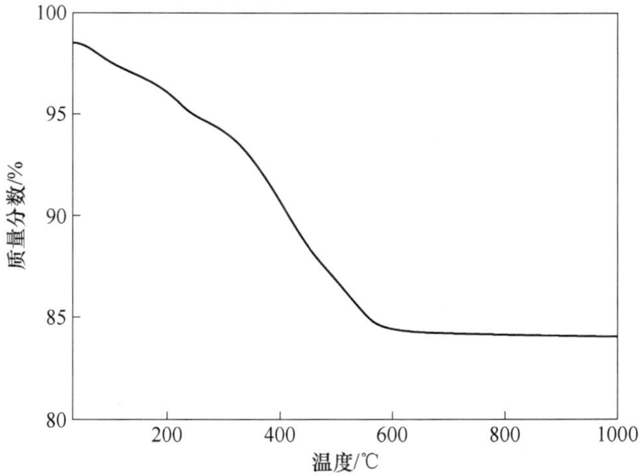


图 5-7　$NiFe_2O_4$/RGO 的热重分析

### 5.3.2　电磁波吸收性能

为了研究微波吸收特性，采用了反射损耗（*RL*）参数。根据传输线理论，*RL* 的计算公式如下：

$$Z_{in}=\sqrt{\frac{\mu_r}{\varepsilon_r}}\tanh\left(j\frac{2\pi fd\sqrt{\mu_r\varepsilon_r}}{c}\right) \tag{5-1}$$

$$RL = 20\lg\left|\frac{Z_{in} - 1}{Z_{in} + 1}\right| \tag{5-2}$$

其中，$f$ 为电磁波频率；$d$ 为样品厚度；$c$ 为光速；$Z_{in}$ 为输入阻抗。在 2 ~ 18 GHz 的频率范围内，研究了复合材料相对介电常数（$\varepsilon_r = \varepsilon' - j\varepsilon''$）的实部（$\varepsilon'$）和虚部（$\varepsilon''$）。如图 5-8(a) 所示，$\varepsilon'$和 $\varepsilon''$的值分别位于 4.2 ~ 8.6 和 1.9 ~ 4.5。相对磁导率（$\mu_r = \mu' - j\mu''$）作为频率函数的实部（$\mu'$）和虚部（$\mu''$），如图 5-8(b) 所示。$\mu'$值在 0.7 ~ 1.1，$\mu''$在整个频率范围内保持在 0 左右。

图 5-8(c) 为介电损耗（$\tan\delta_\varepsilon = \varepsilon''/\varepsilon'$）和磁损耗（$\tan\delta\mu = \mu''/\mu'$）的频率依赖性。在近 2 ~ 18 GHz 时的介电损耗值大于 0.2，远高于在 4 ~ 18 GHz 时的磁损耗，说明 $NiFe_2O_4$/RGO 复合材料的微波衰减机理主要依赖于介电损耗。值得注意的是，磁损耗存在于测量数据中，因为 $\mu''$是负的。这是一个关于广泛负面影响的有争议的话题。Deng 和 Han 将这一现象解释为磁能被辐射出来，而 Chiu 等人和 Wang 等人指出这可能是由于测试时附近的噪声引起的。Zhang 报告了一个类

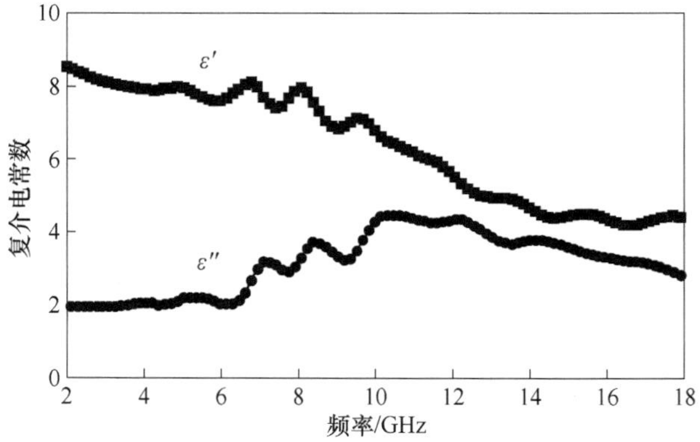

(a)

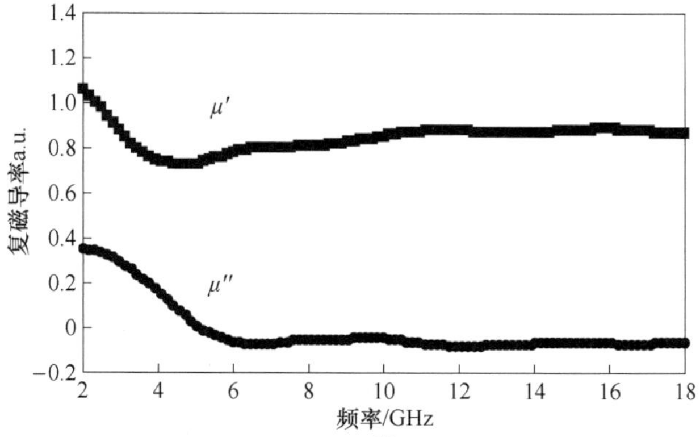

(b)

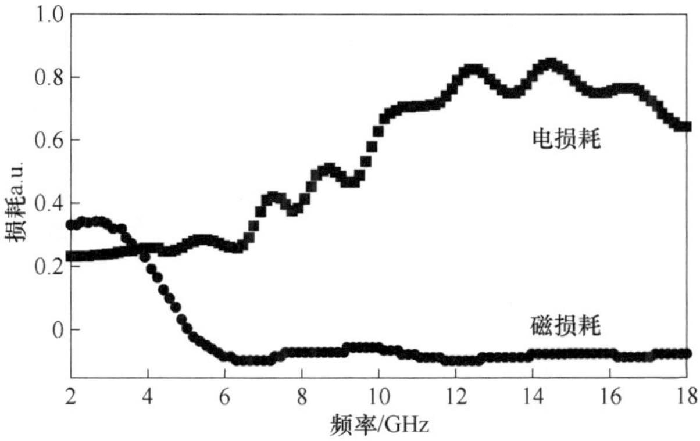


(c)

图 5-8 电磁参数和电磁损耗

(a) $NiFe_2O_4$/RGO 的复介电常数；(b) 复磁导率；(c) 电磁损耗值

似的现象，归因于电磁波在纳米复合材料中的透射-介电常数转换以及涡流产生的感应磁场与外加磁场相反，而感应磁场又辐射出电磁波，在频率周期内产生负值。

图 5-9 所示为不同厚度下 2～18 GHz 范围内试样/石蜡复合材料的反射损耗随频率的变化关系。$NiFe_2O_4$/RGO 复合材料在 X 波段（8～12 GHz）具有优异的微波吸收性能。由图 5-9 可以看出，在 9.2 GHz 时，复合材料的最低反射损耗为 －27.7 dB，而在 －10 dB 以下的吸收范围为 8～10 GHz，且层厚为 3 mm。$NiFe_2O_4$/RGO 复合材料是一种很有前途的新型微波吸收材料。为了研究微波吸收的内在原因，$NiFe_2O_4$/RGO 复合的微波吸收性能的纯 $NiFe_2O_4$ 和 RGO 也进行了测量，具体如图 5-9(b)和(c) 所示。由计算可以发现 $NiFe_2O_4$ 和 RGO 的最小 *RL* 分别出现在 4 mm 厚层的 －6.22 dB 和 2 mm 厚层的 －5.14 dB 处。

$NiFe_2O_4$/RGO 复合材料的反射损耗远大于纯 $NiFe_2O_4$ 和 RGO，这可能是由于 RGO 腔内的磁性 $NiFe_2O_4$ NPs 增加了电阻率。

不同厚度层的最佳反射损耗集中在 X 波段（8～12 GHz）。$NiFe_2O_4$/RGO 复合材料在 C 波段的微波吸收性能远远好于报道的复合材料，包括针孔 $Fe_3O_4$/C 和 $CoFe_2O_4$/CNTs。这可能是因为 RGO 同时提高了复合材料的相对介电常数和微波吸收性能。

在相同条件下，$NiFe_2O_4$/RGO 复合材料的反射损耗最小，这可能是因为其介电损耗角正切与磁损耗角正切相匹配。由式（5-1）和式（5-2）可知，吸收性能

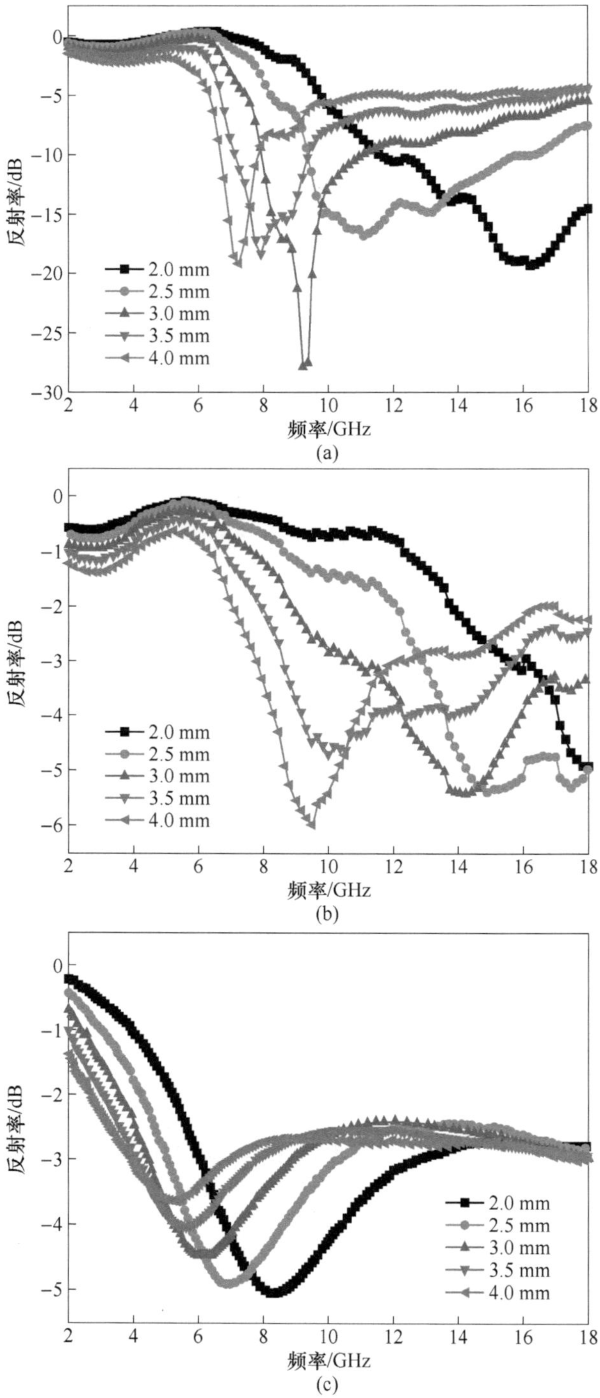


图 5-9　反射率

(a) $NiFe_2O_4$；(b) $NiFe_2O_4$/RGO；(c) RGO

取决于介质损耗正切和磁损耗正切的匹配程度。这也是 $NiFe_2O_4$/RGO 复合材料在 X 波段（8 ~ 12 GHz）电磁波吸收性能最优的原因。

## 5.4 结 论

综上所述，采用水热法合成了分散性好、微波吸收性能优异的 $NiFe_2O_4$/RGO 复合材料，其中小粒径单分散 $NiFe_2O_4$ 纳米颗粒均匀分布在 RGO 表面。$NiFe_2O_4$/RGO 复合材料在 9.2 GHz 下的最低反射损耗为 −27.7 dB。该复合材料在非极性溶剂中具有良好的分散性，易于分散制成吸波涂料，在工业吸波领域应用方便。

# 6 用于强宽带电磁波吸收的铁磁/反铁磁/半导体多界面材料设计

## 6.1 引　　言

由于现代消费电子产品和雷达探测设备的广泛应用，具有高频、小型化、高集成化特征的电子产品不可避免地会发出过量的电磁波（EMW），导致一些电子仪器的使用寿命缩短，对人类和动物的健康产生潜在危害。因此，迫切需要大量的 EMW 屏蔽和吸收材料。先进的 EMW 吸收材料采用多种吸收机制来衰减入射和发射 EMW 的能量。因此，有必要设计具有多种损耗结构的材料来获得高效的 EMW 吸收。

相关证据表明，复合材料可以实现 EMW 的界面耗散偶极子极化、传导、磁共振、涡流损耗。特别是磁性复合材料具有上述所有损耗机制，通过调节磁损耗和电损耗来实现阻抗匹配，还可以加强 EMW 的衰减。因此，在过去的几年里，人们研究了不同结构的磁性复合材料来合成 EMW 吸收剂，如 $TiO_2$@ Co、ZnO@ Ni、NiCo@ MXene、$Fe_3O_4$@ Zn/Co-ZIFs；$Fe_3O_4$/碳纳米管，h-BN/rGO。其中，碳基磁性复合材料以其超轻和优异的吸波性能得到了广泛的研究，如 CNT/Co 磁性碳纳米管复合材料；CNT/$Fe_3O_4$，CNT/铁；磁性石墨烯铁复合材料 $Fe_3O_4$-RGO、Ni-RGO、$CoFe_2O_4$/RGO 和 $NiFe_2O_4$/rGO；以及其他由 MOFs 衍生的空心 Co/C 微球组成的磁性碳基复合材料，分层多孔碳/$Fe_3O_4$@ Fe 和 Ni/C 气凝胶。基于上述考虑，构建具有良好磁导率的磁性材料与具有良好介电常数的碳基材料组成的复合材料以提供令人印象深刻的 EMW 吸收性能是可行的。

进一步的研究发现，与普通复合材料相比，具有明确定义的中空、三维（3D）、分层、核-壳和异质结构的复合材料具有更高的 EMW 吸收性能。因此，通过改变材料的结构，可以通过 EMW 损耗的多重损耗机制进一步提高材料的可吸收性。

通过构建具有异质结构的材料，可以发现许多令人兴奋的物理现象。异质界面可以增强极化场，实现高效率的 EMW 耗散。异质结构，如 $Ni_{12}P_5/Ni_2P$，$TiO_2/C/Co$ 和 $TiO_2@Fe_3O_4@PPy$，表现出诱导层间极化，进一步增加了 EMW 吸收的介电损耗。这些结果有利于建立材料结构与 EMW 吸收性能之间的关系，从而指导有效 EMW 吸收材料的设计。此外，对非均质材料吸收 EMW 的其他吸收机制的研究很少报道，例如不同磁性能或不同导电性能的非均质材料中多个界面间 EMW 的损耗机制。然而，为了进一步获得新的多界面非均相材料，充分了解 EMW 的吸收机理是很重要的。

铁磁（FM）、反铁磁（AFM）和半导体（SEMI）异质结构在催化、电池，光电探测器，以及光伏电池。这些奇特而有趣的应用赋予材料一个有效的界面，以提供独特的界面活性，包括高能缺陷，这可以归因于半导体带中的电子和磁性离子处的局域电子产生的交换相互作用。类电容形态将诱导层间极化，电荷在 FM/SEMI 层中快速转移，自旋极化电子从铁磁体到半导体提高自旋注入效率，这可能进一步提高 EMW 吸收的介电损耗和磁损耗。

石墨化氮化碳（$g\text{-}C_3N_4$）最近也吸引了许多研究人员进行探索。虽然研究主要集中在催化活性上，$g\text{-}C_3N_4$ 有异质结构的同时，还具有更宽的光学带隙和更高的折射热导率，作为 EMW 吸收材料具有广阔的应用前景。Han 等人制备了磁性 $g\text{-}C_3N_4$/g-碳泡沫，表现出优异的 EMW 吸收性能。Zhao 等人从超轻多孔的三聚氰胺甲醛树脂中提取的/磁性类石墨 $g\text{-}C_3N_4$ 碳泡沫具有较宽的吸收带和较强的吸收率，解决了过量的 EMW 辐射。综上所述，$C_3N_4$ 复合材料是很有潜力的吸波材料。

本章主要介绍利用简单的水热法制备三种基于 $g\text{-}C_3N_4$ 的多界面异质结构材料，FM/SEMI（$CoO/CoSe_2$），AFM/SEMI（$CoO/g\text{-}C_3N_4$），以及 AFM/FM/SEMI（$CoO/CoSe_2/g\text{-}C_3N_4$），通过梯度加热条件，并在 2～18 GHz 的宽频率范围内进行测试。$CoO/CoSe/g\text{-}C_3N_4$ 的吸收强度和带宽显著增强，通过旋转取向和极化磁化的三元异质结构增强 EMW 吸收，并对 EMW 吸收机理进行了系统的研究。比较了 EMW 与 $CoO/g\text{-}C_3N_4$ 和 $CoSe_2/g\text{-}C_3N_4$ 材料的吸波性能。

## 6.2 材料的合成

$g\text{-}C_3N_4$ 是用已报道的方法制备的，通过将尿素放入坩埚中，然后以 5 ℃/min 的升温速度在 550 ℃下煅烧 2 h 得到的。$CoO/CoSe_2/g\text{-}C_3N_4$ 异质结构通过简单的水热法合成。通常，0.36 g 的 $C_2H_3CoO_2$ 加入聚乙胺（20 mL），在 100 ℃磁力搅拌下搅拌 30 min，0.03 g 的 g-$C_3N_4$，将 0.1 g 硒粉加入 20 mL 乙醇中，超声分散 30 min，将 0.1 g 硒加入 20 mL 的油胺中，在 100 ℃下磁力搅拌 30 min，然后将三种溶液混合，在 80 ℃下搅拌至乙醇完全蒸发。将上述溶液通过水热法快速转移到 50 mL 的高压反应釜中，在 150 ℃下加热 720 min，然后加热到 200 ℃反应 24 h，得到 CoO/$CoSe_2$/g-$C_3N_4$ 异质结构。另外两个样品 CoO/g-$C_3N_4$ 和 $CoSe_2$/g-$C_3N_4$ 分别在不同反应温度下制备（150 ℃反应 720 min 和 200 ℃反应 1440 min）。相应的原理如图 6-1 所示。

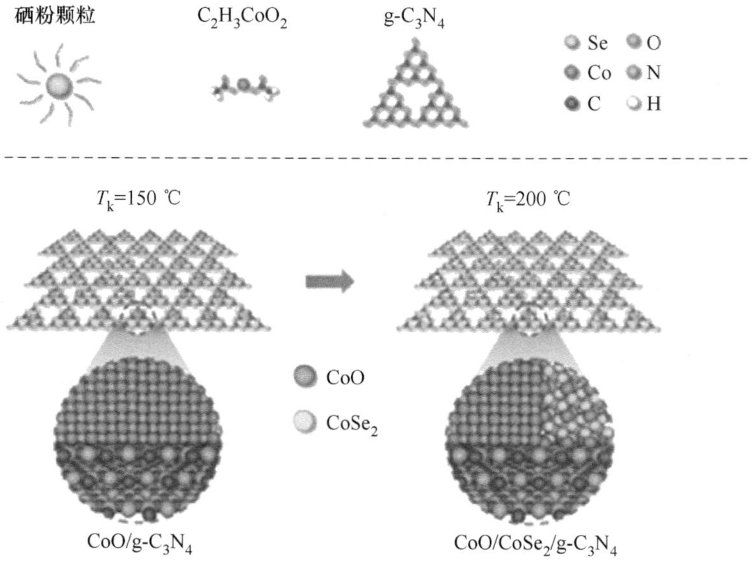


图 6-1 材料制备原理

## 6.3 结果与讨论

通过 XRD 对所得样品的晶体结构和化学成分进行了研究，如图 6-2(a) 所示。

图 6-2 各样品 XRD 图中 13.4°和 26.41°处的衍射特征峰均分别对应于 g-$C_3N_4$（100）和（002）晶面（JCPDS 87-1526）。但该两处衍射峰非常弱的原因是由于有大量 CoO、CoSe 或 CoO/$CoSe_2$ 覆盖在 g-$C_3N_4$ 上表面引起的。

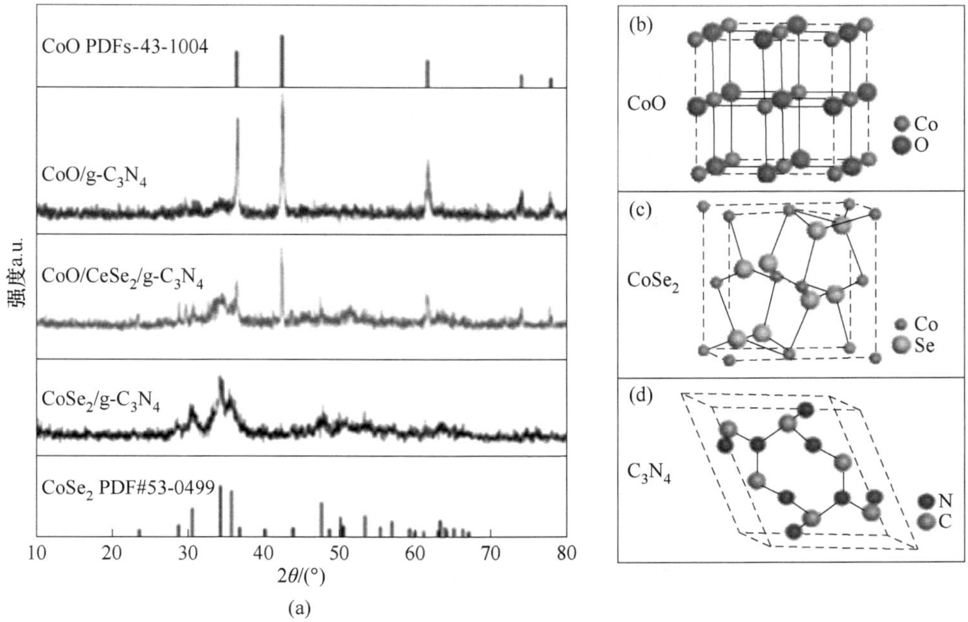


图 6-2 XRD 和三维晶体结构

(a) CoO/$CoSe_2$/g-$C_3N_4$、CoO/g-$C_3N_4$ 和 $CoSe_2$/g-$C_3N_4$ 的 XRD 图;

(b) CoO; (c) $CoSe_2$ 的三维晶体结构; (d) $C_3N_4$ 的三维晶体结构

样品 $CoSe_2$/g-$C_3N_4$ 位于 28.97°、30.74°、33.61°、35.99°、47.75°、50.16°、53.47°、56.94°和 63.23°处的衍射峰，分别对应于 $CoSe_2$ 的(011)、(101)、(111)、(120)、(211)、(002)、(031)、(131)和(122) 晶面 (JCPDS 编号 53-0499)。样品 CoO/g-$C_3N_4$ 在 36.54°、42.43°、61.60°、73.75°、77.68°处的衍射峰分别对应于 CoO 的(111)、(200)、(220)、(311) 和 (222) 晶面 (JCPDS No. 43-1004)；而 CoO/$CoSe_2$/g-$C_3N_4$ 异质结构中包含 CoO、$CoSe_2$ 和 g-$C_3N_4$ 的全部特征峰，且没有其他杂峰，说明合成的异质结构纯度高。从图 6-2(b)～(d) 可知，CoO，$CoSe_2$ 和 g-$C_3N_4$ 具有典型的 3D 晶体结构。CoO 是立方晶格结构，$CoSe_2$ 是正四面体晶格结构，而 g-$C_3N_4$ 是类似于石墨烯的层状材料。将具有不同晶体结构的 CoO、$CoSe_2$ 和 g-$C_3N_4$ 三种材料进行复合，可形成多界面异质结构，提高其极化能力。利用 TEM 对复合材料的形貌和结构进行了表征，具体如图 6-3 所示。

由图 6-3 可以看出，灰色背景和黑点表示 g-$C_3N_4$、CoO/$CoSe_2$ 为纳米粒子；

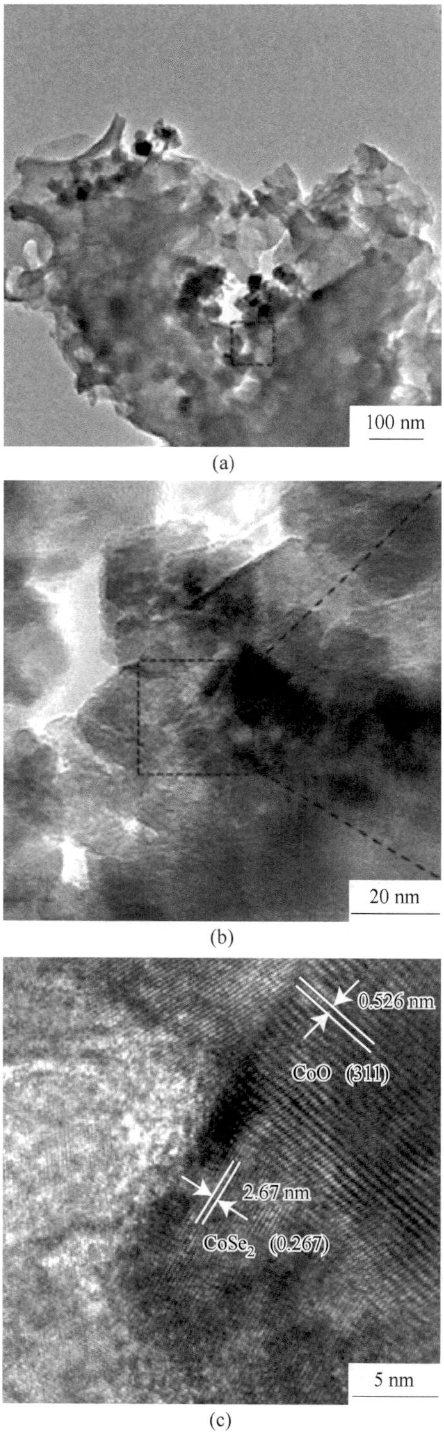


图 6-3　$CoO/CoSe_2/g\text{-}C_3N_4$ 的形貌尺寸

(a)(b) 制备的 $CoO/CoSe_2/g\text{-}C_3N_4$ 的 TEM；(c) HRTEM 图

微小的 $CoO/CoSe_2$ 薄片在 g-$C_3N_4$ 表面上原位生长。这些结果说明了在 $CoO/CoSe_2$/g-$C_3N_4$ 中 $CoO/CoSe_2$ 的共存（图 6-3（a）（b））。$CoO/CoSe_2$/g-$C_3N_4$ 的 HRTEM 图如图 6-3（c）所示，图中可以看到清晰的点阵条纹。同时，CoO 的（331）面间距为 0.526 nm，$CoSe_2$ 的（220）面间距为 0.267 nm。两相结构应该是结合在一起，有利于创造丰富的局部异质界面。需要注意的是，在该界面异质结构的辅助下，由晶格位错产生的大量晶格缺陷或畸变，是偶极取向极化的原因。当 EMW 在 CoO、$CoSe_2$ 之间的异构接口传输时，g-$C_3N_4$ 产生极化和耗散 EMW 能量。此外，元素分析结果说明了 C、N、Co、Se 和 O 元素在 $CoO/CoSe_2$/g-$C_3N_4$ 表面的分布，进一步证实了 $CoO/CoSe_2$/g-$C_3N_4$ 异质结构的成功合成。

制备的 $CoSe_2$/g-$C_3N_4$ 的 TEM 和 HRTEM 图和 CoO/g-$C_3N_4$，如图 6-4 所示。

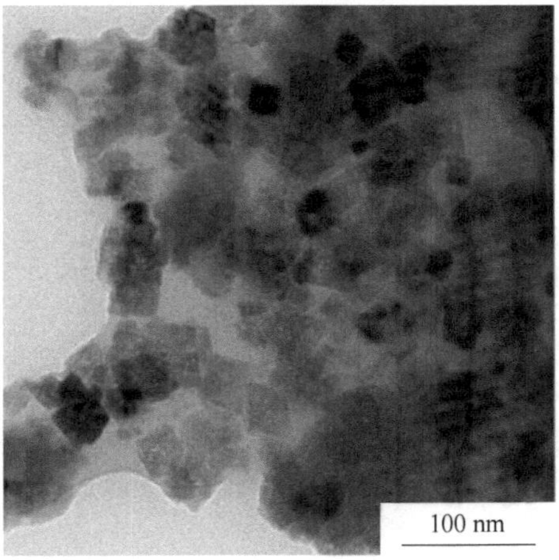


(a)

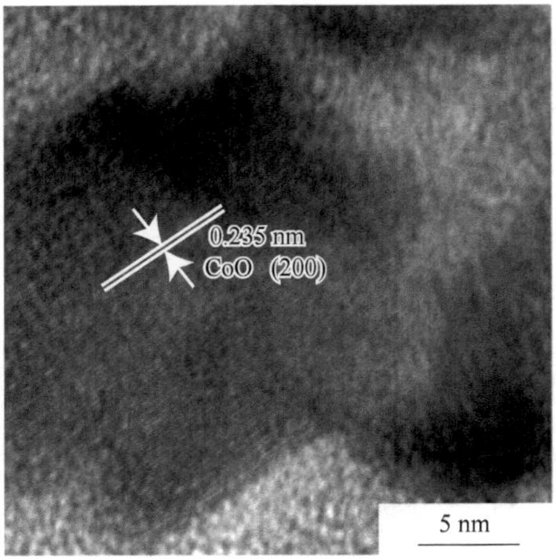


(b)

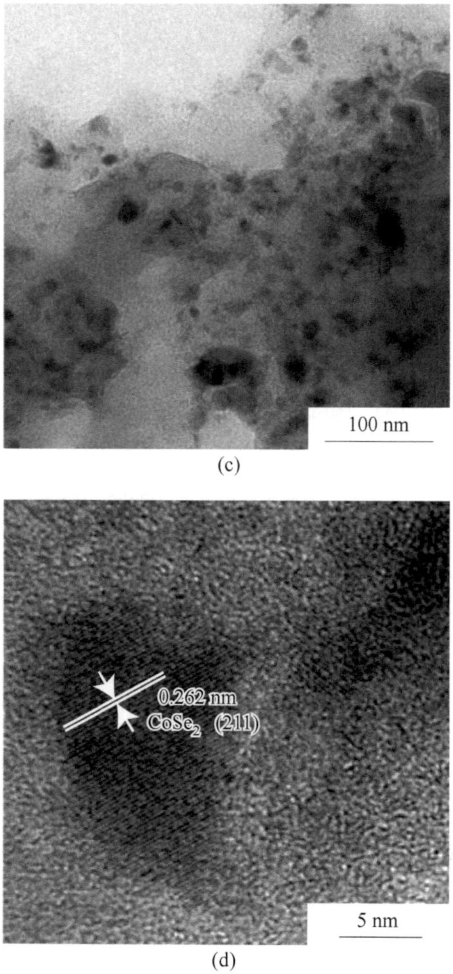


图 6-4　$CoO/g\text{-}C_3N_4$ 的形貌尺寸

(a) $CoO/g\text{-}C_3N_4$ 的 TEM；(b) HRTEM 图；(c) $CoSe_2/g\text{-}C_3N_4$ 的 TEM；(d) HRTEM 图

图中可见典型的 $g\text{-}C_3N_4$ 层状结构；片状的 $g\text{-}C_3N_4$ 上出现了大量暗色方形的 CoO 和近球形的 $CoSe_2$ 粒子（图 6-4(a)和(c)），其中 CoO 和 $CoSe_2$ 的粒径分别为 20～50 nm 和 5～10 nm。所有的 CoO 和 $CoSe_2$ 粒子均紧密地吸附在 $g\text{-}C_3N_4$ 表面上。所得 CoO 和 $CoSe_2$ 的 HRTEM 图分别如图 6-4(b)和(d) 所示。测得其面间距约 0.235 nm 和 0.262 nm，分别对应于 CoO（JCPDS No. 43-1004）的（200）面和 $CoSe_2$ 的（211）面（JCPDS No. 53-0499）。进一步证明了粒子（CoO，

$CoSe_2$）在与 g-$C_3N_4$ 的复合过程中形成了紧密的界面，既形成了异质结。$CoSe_2$/g-$C_3N_4$ 和 CoO/g-$C_3N_4$ 的两种异质结构均可以通过 FM/SEMI 和 AFM/SEMI 界面增强 EMW 吸收。

用 XPS 对 CoO/$CoSe_2$/g-$C_3N_4$ 的表面组成进行了研究（图 6-5）。其中 N 1s、C 1s、Co 2p、O 1s 和 Se 3d 的特征峰在图 6-5(a) 均可见。在 C 1s 光谱中（图6-5（b）），284.6 eV 处的特征峰可以对应于额外吸附的碳，通常作为校正其他原子 XPS 峰的标准位点，而286.1 eV 和288.2 eV 处的峰则可分别对应于C—O 和 N—C—N。图 6-5(c) 中有 3 个主要的特征峰：结合能分别为 398.3 eV、398.8 eV 和400.6 eV 处，分别对应于典型的吡啶态 N(N1)、石墨态 N(N3) 和吡啶态 N(N2) 的峰。在图 6-5(d) 中在 780.9 eV 和 796.6 eV 处分别有两个自旋-轨道重态峰，并伴有杂峰（分别为位于 780.3 eV 处的 Co $2p_{1/2}$ 和 797.1 eV 处的 Co $2p_{3/2}$），这说明该 CoO/$CoSe_2$/g-$C_3N_4$ 复合材料中 Co 的主要价态是 $Co^{2+}$。同时，785.9 eV 处的 XPS 峰则对应为 $Co^{3+}$，这可能是由于轻微的表面氧化引起的。在 54.45 eV 和 55.4eV 处的峰值可以与 Se $3d_{3/2}$ 和 Se $3d_{5/2}$ 相对应，也同时分别可在 Se 3d 谱中（图 6-5（e））可见，说明形成了典型的金属-硒键。同时，在 Se 3d 谱中也发现了氧的信号峰，这可能是由于硒化作用不完全造成的。由 O 1s 谱（如图 6-5（f））可以看出，O 中的 C—O、Se—O 和 Co—O 的结合能分别为 530.72 eV、531.36 eV 和 531.87 eV。对于该 CoO/$CoSe_2$/g-$C_3N_4$ 三元异质结构来说，其包含有五种元素，即：Co、O、C、Se、N，可能的界面数量在 5-1 ~ 5(5-1)/2 之间。在多元素三元异质结构界面上发生的电荷转移可以用来提高 EMW 的吸收能力。

该 CoO/$CoSe_2$/g-$C_3N_4$ 异质结构也可通过拉曼光谱得到进一步的证实（图 6-5（g））。位于 187 $cm^{-1}$ 和 660 $cm^{-1}$ 处的拉曼峰对应于 $CoSe_2$ 中 Se-Se 的伸缩振动。CoO 对应的特征峰出现在 475 $cm^{-1}$ 和 514 $cm^{-1}$ 处，进一步验证了 CoO 的存在，这也与 XRD 分析结果一致。为了确定该 CoO/$CoSe_2$/g-$C_3N_4$ 异质结构中 $C_3N_4$ 的准确质量百分比，对该异质结构进行热重(TG)分析（图 6-5（h））。由图 6-5(h) 可以看出，在 350 ℃时出现了第一次质量损失，约为 6.7%，这是由于表面吸收了水和有机物（表面活性剂和溶剂）；而 g-$C_3N_4$ 的分解主要发生在 300 ~ 640 ℃。从图 6-5(h) 可以得出该 CoO/$CoSe_2$/g-$C_3N_4$ 中 g-$C_3N_4$ 的相对含量约 43.61%。利用 300 K 时该 CoO/$CoSe_2$/g-$C_3N_4$ 三元异质结构的磁化曲线来研究其磁性能。如

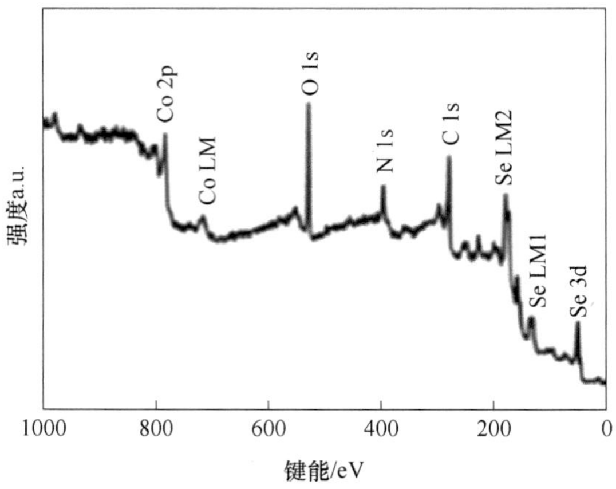
Co 2p
Co LM
O 1s
N 1s
C 1s
Se LM2
Se LM1
Se 3d
强度a.u.
1000
800
600
400
200
0
键能/eV

(a)

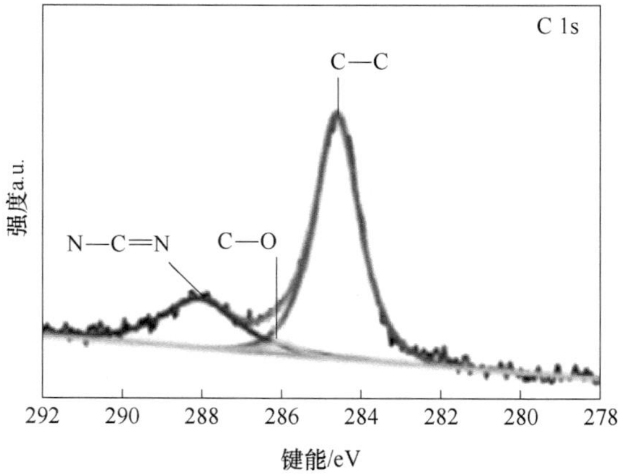
C 1s
C—C
N—C═N
C—O
强度a.u.
292
290
288
286
284
282
280
278
键能/eV

(b)

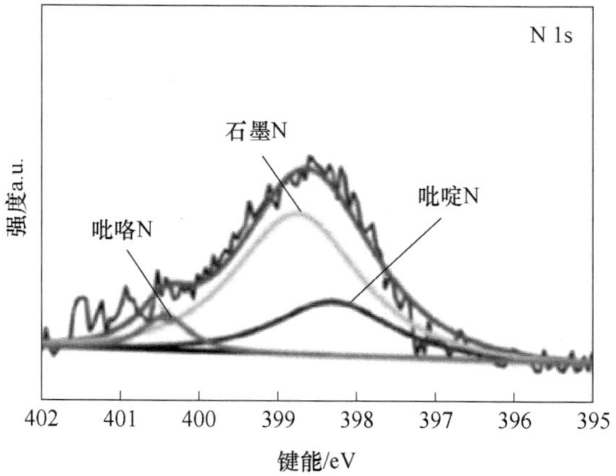
N 1s
石墨N
吡啶N
吡咯N
强度a.u.
402
401
400
399
398
397
396
395
键能/eV

(c)

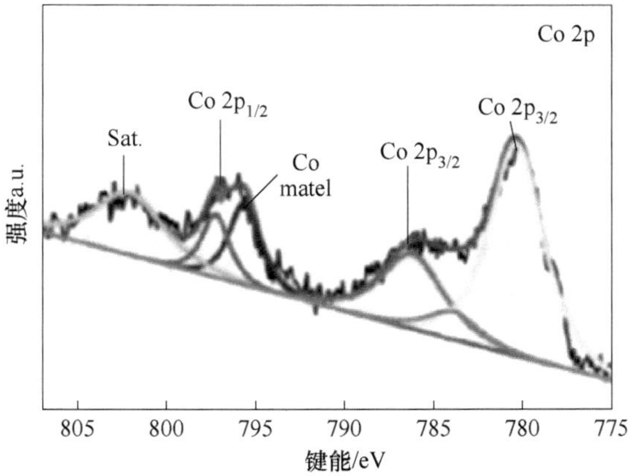
Co 2p
Co $2p_{1/2}$
Sat.
Co
matel
Co $2p_{3/2}$
Co $2p_{3/2}$
强度a.u.
805 800 795 790 785 780 775
键能/eV

(d)

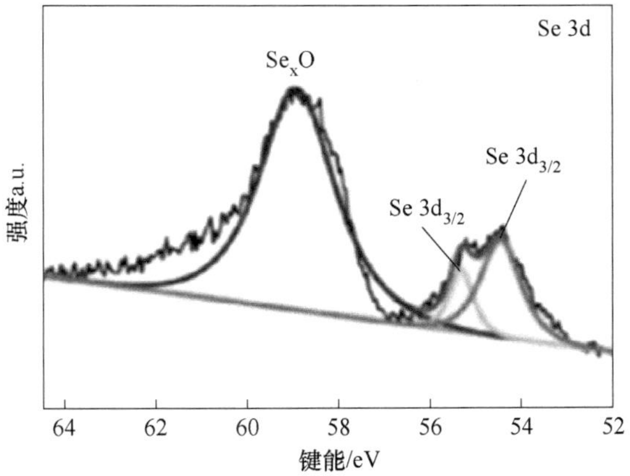
Se 3d
$Se_xO$
Se $3d_{3/2}$
Se $3d_{3/2}$
强度a.u.
64 62 60 58 56 54 52
键能/eV

(e)

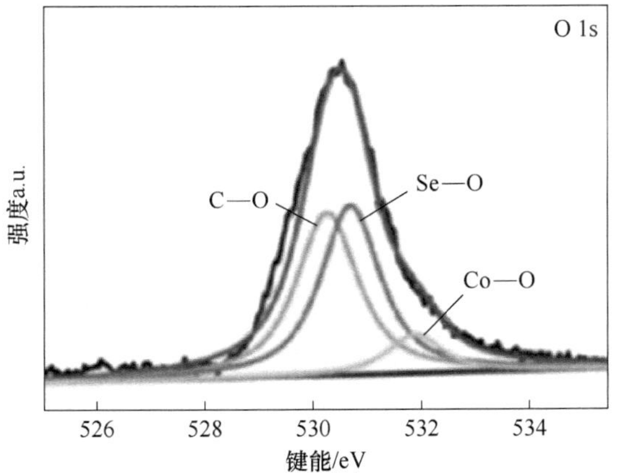
O 1s
C—O
Se—O
Co—O
强度a.u.
526 528 530 532 534
键能/eV

(f)

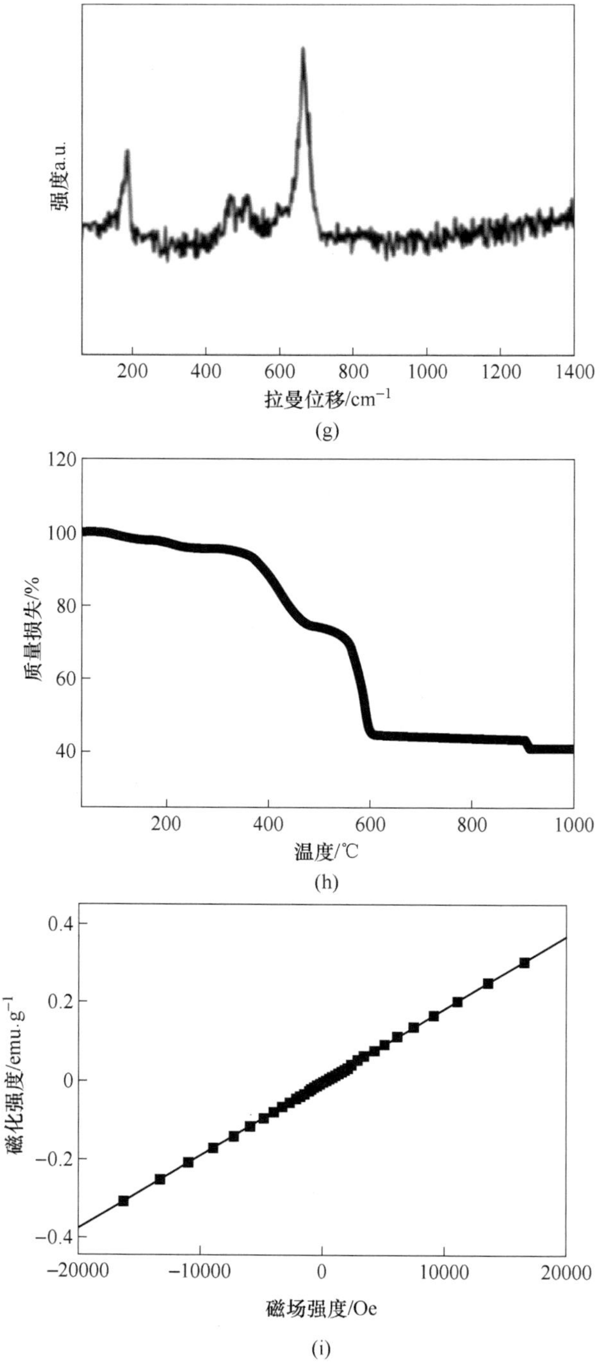


扫一扫看
更清楚

图 6-5　XPS、拉曼光谱、TGA 数据和磁滞回线

(a) $CoO/CoSe_2/g\text{-}C_3N_4$ 的全扫描；(b) C 1s；(c) N 1s；(d) Co 2p；(e) Se 3d；(f) O 1s 的 XPS 谱；(g) 拉曼光谱；(h) 室温至 1000 ℃空气中的 TGA 数据；(i) 室温下测得的 $CoO/CoSe_2/g\text{-}C_3N_4$ 的磁滞回线

图6-5(i)所示，初始的 $CoO/CoSe_2/g\text{-}C_3N_4$ 异质结构的铁磁性非常弱，表现为M—H 磁滞回线不明显。且该 $CoO/CoSe_2/g\text{-}C_3N_4$ 三元异质结构的饱和磁化强度和矫顽力分别为0.37 emu/g 和22.30 Oe。对 $CoO/CoSe_2/g\text{-}C_3N_4$ 来说，其磁性是由 $CoSe_2$ 的铁磁性来的，而较低的矫顽力值则通常有利于将最佳 *RL* 峰向低频区偏移。

利用2～18 GHz 范围内的网络分析仪研究了合成材料随频率变化的电磁吸收特性。介电常数和磁导率的实部（$\varepsilon'$，$\mu'$）和虚部（$\varepsilon''$，$\mu''$）、介电损耗（$\tan\delta = \varepsilon''/\varepsilon'$）、磁损耗（$\tan\mu = \mu''/\mu'$）、阻抗匹配值（$Z_{in}/Z_0$）、衰减常数（$\alpha$）、涡流（$C_o$）的 $CoO/g\text{-}C_3N_4$，$CoSe_2/g\text{-}C_3N_4$ 和 $CoO/CoSe_2/g\text{-}C_3N_4$，如图6-6所示。理论上，$\varepsilon'$代表电能的存储能力。$CoO/g\text{-}C_3N_4$ 的 $\varepsilon'$数值明显大于 $CoSe_2/g\text{-}C_3N_4$ 和 $CoO/CoSe_2/g\text{-}C_3N_4$ 的，这说明它具有最大的电能存储能力。$\varepsilon''$与电能的损耗能力有关，其测得的对应值如图6-6(b) 所示。其中，$CoO/g\text{-}C_3N_4$ 的 $\varepsilon''$值除在12.95～14.01 GHz 范围外，均为最大，说明其电损耗能力最大。同时可以发现，三个样品的 $\tan\delta$ 和 $\varepsilon''$值具有相同的波动趋势（图6-6（c）），而 $CoSe_2/g\text{-}C_3N_4$ 的 $\tan\delta$ 值具有相同的波动趋势：在12～15 GHz 频率下，极化滞后随电场的高频变化而增大。图6-6(b)(c) 表明了 $CoSe_2/g\text{-}C_3N_4$ 的 $\varepsilon''$和 $\tan\delta$ 值都是最大值。基于介电理论和麦克斯韦-瓦格纳理论，由于层状结构的 $CoSe_2/g\text{-}C_3N_4$ 可以产生多种极化，包括界面极化和偶极极化，且由于 $CoSe_2$ 具有金属性质，因此其电导率高于 CoO。

所得样品复磁导率的实测 $\mu'$和 $\mu''$值分别如图6-6(d)和(e) 所示，通常反映为磁特性产生的 EMW 能量的储存和衰减。$CoO/g\text{-}C_3N_4$，$CoSe_2/g\text{-}C_3N_4$、$CoO/CoSe_2/g\text{-}C_3N_4$ 和 $CoO/CoSe_2/g\text{-}C_3N_4$ 的 $\mu'$值均随频率的增加有减小的趋势（图6-6（d）），且 $CoO/CoSe_2/g\text{-}C_3N_4$ 减小趋势高于 $CoO/g\text{-}C_3N_4$ 和 $CoSe_2/g\text{-}C_3N_4$，这可能是由于该三元异质结构中 $CoSe_2$ 的含量较少，且其在 $g\text{-}C_3N_4$ 上形成纳米粒子，从而导致其磁性较弱。但 CoO 和 $CoO/CoSe_2$ 含量较大则有利于磁能的存储和损耗能力（图6-6（e））。$CoO/CoSe_2/g\text{-}C_3N_4$ 磁异质结构中自旋电子的输运使其具有比 $CoO/g\text{-}C_3N_4$ 和 $CoSe_2/g\text{-}C_3N_4$ 更高的渗透率，如图6-6(f) 所示，3个样品的磁损耗切线（$\tan\mu = \mu''/\mu'$）遵循与 $\mu''$值相似的趋势，$CoO/CoSe_2/g\text{-}C_3N_4$ 的 $\mu''$值仍然比其他的要大。这可能是由 $CoO/CoSe_2$ 异质结构之间的自旋电子传输引起的。更重要的是，由于阻抗匹配比直接决定着 EMW 的吸

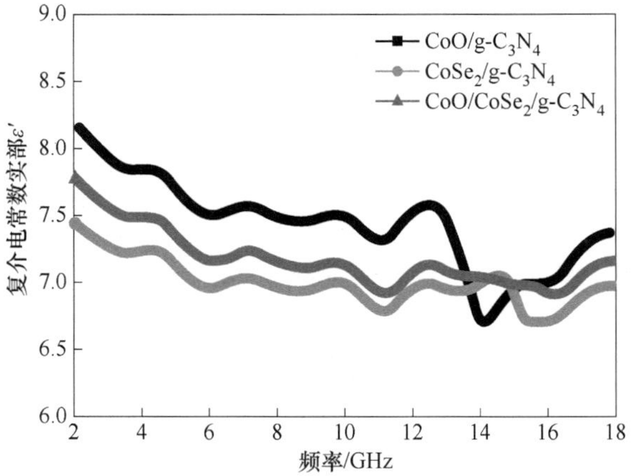

$CoO/g\text{-}C_3N_4$
$CoSe_2/g\text{-}C_3N_4$
$CoO/CoSe_2/g\text{-}C_3N_4$
复介电常数实部ε′
频率/GHz

(a)

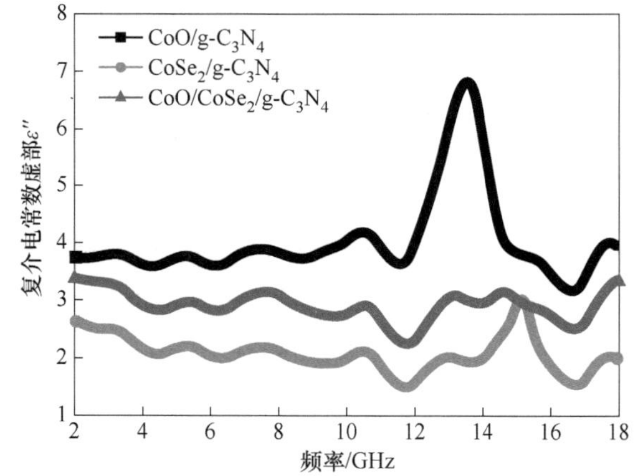

$CoO/g\text{-}C_3N_4$
$CoSe_2/g\text{-}C_3N_4$
$CoO/CoSe_2/g\text{-}C_3N_4$
复介电常数虚部ε″
频率/GHz

(b)

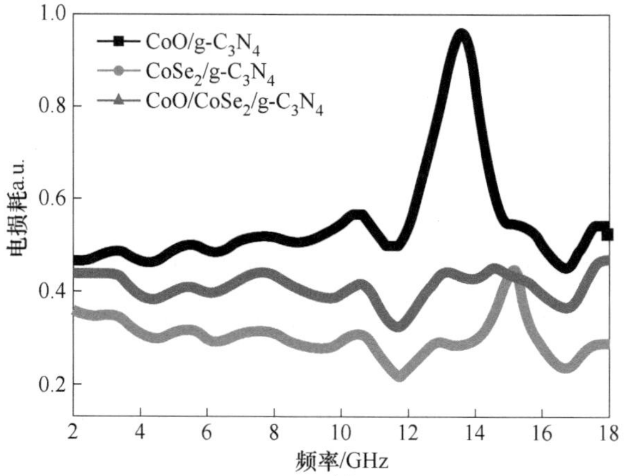

$CoO/g\text{-}C_3N_4$
$CoSe_2/g\text{-}C_3N_4$
$CoO/CoSe_2/g\text{-}C_3N_4$
电损耗a.u.
频率/GHz

(c)

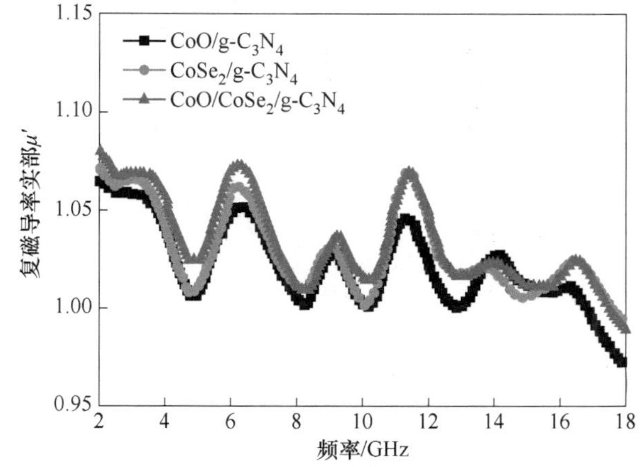
1.15
1.10
1.05
1.00
0.95
CoO/g-C3N4
CoSe2/g-C3N4
CoO/CoSe2/g-C3N4
复磁导率实部μ′
2
4
6
8
10
12
14
16
18
频率/GHz

(d)

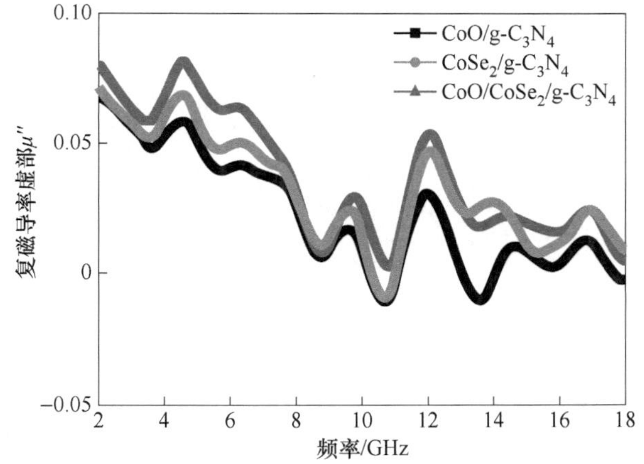
0.10
0.05
0
−0.05
CoO/g-C3N4
CoSe2/g-C3N4
CoO/CoSe2/g-C3N4
复磁导率虚部μ″
2
4
6
8
10
12
14
16
18
频率/GHz

(e)

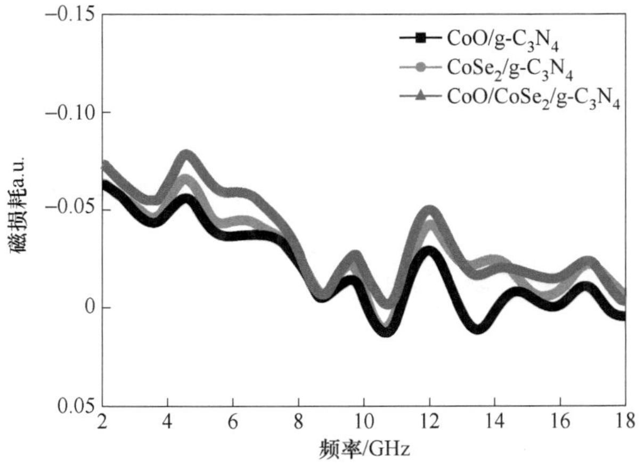
−0.15
−0.10
−0.05
0
0.05
CoO/g-C3N4
CoSe2/g-C3N4
CoO/CoSe2/g-C3N4
磁损耗a.u.
2
4
6
8
10
12
14
16
18
频率/GHz

(f)

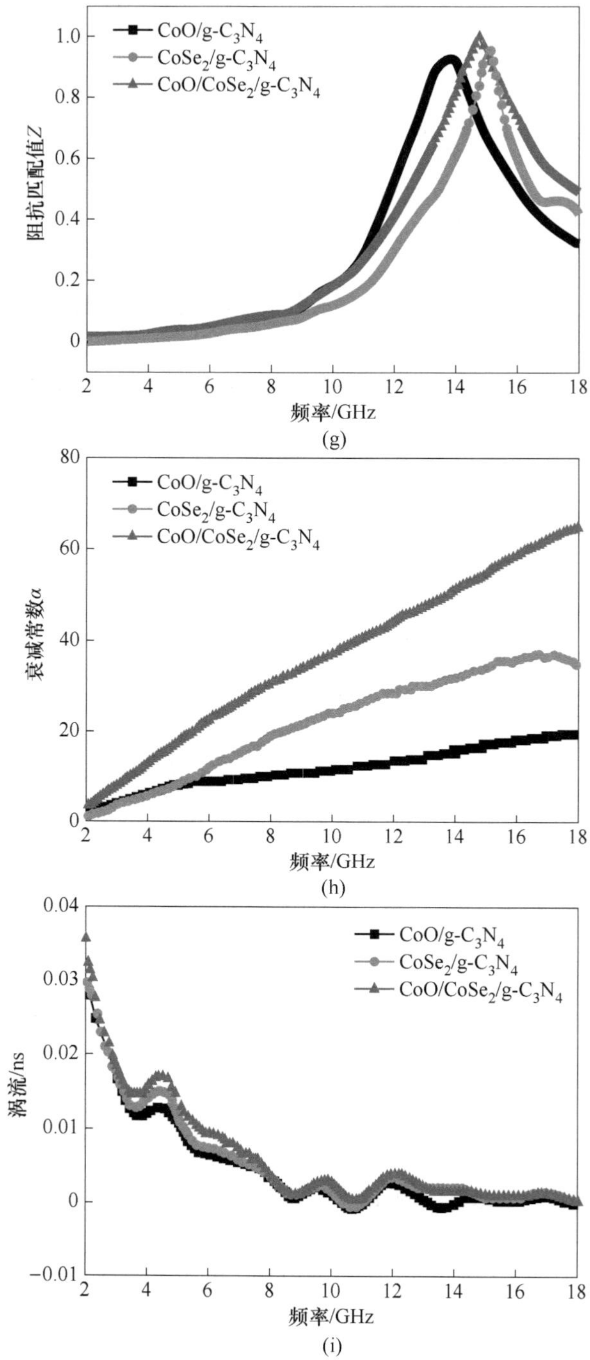


扫一扫看
更清楚

图 6-6 电磁常数 CoO/g-$C_3N_4$、$CoSe_2$/g-$C_3N_4$ 和 CoO/$CoSe_2$/g-$C_3N_4$ 的介电常数
(a) 实部 $\varepsilon'$;(b) 虚部 $\varepsilon''$;(c) 介电损耗正切值 $\varepsilon''/\varepsilon'$;(d) 磁导率的实部 $\mu'$;(e) 虚部 $\mu''$;
(f) 磁损耗正切值 $\mu''/\mu'$;(g) 阻抗匹配值 $Z_{in}/Z_0$;(h) 衰减常数 $\alpha$;(i) 涡流 $C_0$

收性能。可以用 $Z = |Z_{in}/Z_0|$ 的值来评价，其中 $Z_0$ 为自由空间的阻抗。当 $Z_{in} = Z_0(Z = 1)$ 时，材料能满足最佳阻抗匹配，表现出较强的 EMW 吸收而非反射作用。对制备的 $CoO/g\text{-}C_3N_4$、$CoSe_2/g\text{-}C_3N_4$ 和 $CoO/CoSe_2/g\text{-}C_3N_4$，研究了其在厚度为 2 nm 时的阻抗匹配比（$Z$）的频率依赖性，具体如图 6-6(g) 所示。由图 6-6(g) 可以看出，$CoO/CoSe_2/g\text{-}C_3N_4$ 具有最佳的阻抗匹配（接近 1），并且在所有的 2 mm 厚样品中在 14.8 GHz 附近显示出最佳反射损耗（$RL$）。这是因为 $CoO/CoSe_2/g\text{-}C_3N_4$ 的介电常数 $\varepsilon'$ 和 $\varepsilon''$ 匹配良好，提高了其 EMW 的吸收值（$\mu'$ 和 $\mu''$）。此外，材料的内部 EMW 衰减也是评估这些高性能吸收材料的重要因素。衰减常数（$\alpha$）用于进一步阐明可能的 EMW 吸收机制，通常表示试样的内部衰减能力。图 6-6(h) 显示了制备的三种材料的频率衰减常数（$\alpha$）的依赖性，其中 $CoO/CoSe_2/g\text{-}C_3N_4$ 的衰减能力 $\alpha$ 值在所有样品中最高，说明 $CoO/CoSe_2/g\text{-}C_3N_4$ 与其他两种样品相比，具有更好的 EMW 吸收能力。一般来说，EMW 频段内的自然共振、交换共振和涡流损耗对整体磁损耗影响较大。图 6-6(i) 显示了样品的涡流值，在 8～18 GHz 范围内几乎是恒定的，说明磁损失来源于磁滞、涡流和残余损耗；2～8 GHz 的共振峰可以认为是共振，因为低频共振峰通常来源于自然共振。以上结果表明，CoO、$CoSe_2$ 和 $g\text{-}C_3N_4$ 之间存在独特的界面，不仅可以产生大量的晶格缺陷来诱导偶极极化，还可以诱导不均匀的空间电荷分布来增强界面极化。因此，该材料丰富的非均相界面可以强化上述极化弛豫过程。

利用式（4-1）和式（4-2）计算 $RL$，然后计算 $CoO/g\text{-}C_3N_4$，$CoSe_2/g\text{-}C_3N_4$ 和 $CoO/CoSe_2/g\text{-}C_3N_4$ 的 $RL$ 特性。通过分析 $\varepsilon'$、$\varepsilon''$、$\mu'$ 和 $\mu''$ 的数据来进行评估。图 6-7 为 $CoO/g\text{-}C_3N_4$，$CoSe_2/g\text{-}C_3N_4$ 和 $CoO/CoSe_2/g\text{-}C_3N_4$ 的 $RL$ 曲线(厚度 1.0～5.5 mm)。由图 6-7 可以看出，厚度对 3 个样品的 $RL$ 值有显著影响(图 6-7(a)～(c))。3 个样品均具有较好的 $RL$ 值，其最小 $RL$ 值($RL_{min}$)出现在厚度为 2 mm 的处；此外，$CoO/g\text{-}C_3N_4$、$CoO/CoSe_2/g\text{-}C_3N_4$ 和 $CoSe_2/g\text{-}C_3N_4$ 的 $RL_{min}$ 分别可以达到 −27.91 dB(13.81 GHz)、−65.55 dB(14.74 GHz)和 −32.91 dB(15.11 GHz)，且其 $RL$ 带宽(小于 −10 dB)分别为 3.07（13.39～16.46 GHz）、5.73（18.00～12.27 GHz）和 4.10 GHz（16.00～11.90 GHz），基本处于 Ku 波段范围（12～18 GHz）。图 6-7(d)～(i) 为当填料含量为 40% 时在 2～18 GHz 范围内计算得到的理论 $RL$ 的三维和二维 $RL$ 吸收曲线。

对比最近报道的基于典型异质结构的 EMW 吸收剂，制备的 $CoO/CoSe_2/g\text{-}$

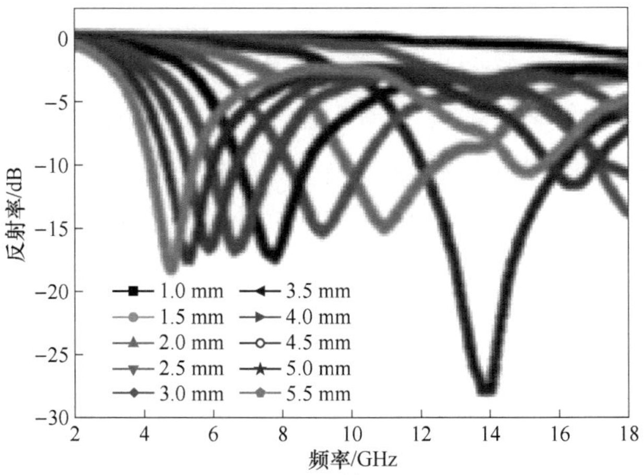
0
−5
−10
−15
−20
−25
−30
反射率/dB
2 4 6 8 10 12 14 16 18
频率/GHz
1.0 mm
1.5 mm
2.0 mm
2.5 mm
3.0 mm
3.5 mm
4.0 mm
4.5 mm
5.0 mm
5.5 mm
(a)

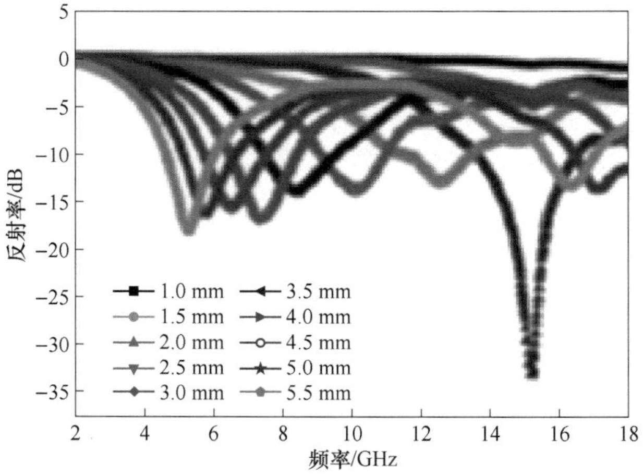
5
0
−5
−10
−15
−20
−25
−30
−35
反射率/dB
2 4 6 8 10 12 14 16 18
频率/GHz
1.0 mm
1.5 mm
2.0 mm
2.5 mm
3.0 mm
3.5 mm
4.0 mm
4.5 mm
5.0 mm
5.5 mm
(b)

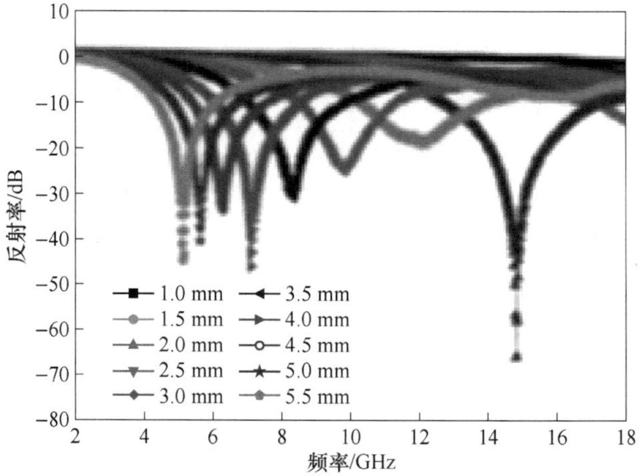
10
0
−10
−20
−30
−40
−50
−60
−70
−80
反射率/dB
2 4 6 8 10 12 14 16 18
频率/GHz
1.0 mm
1.5 mm
2.0 mm
2.5 mm
3.0 mm
3.5 mm
4.0 mm
4.5 mm
5.0 mm
5.5 mm
(c)

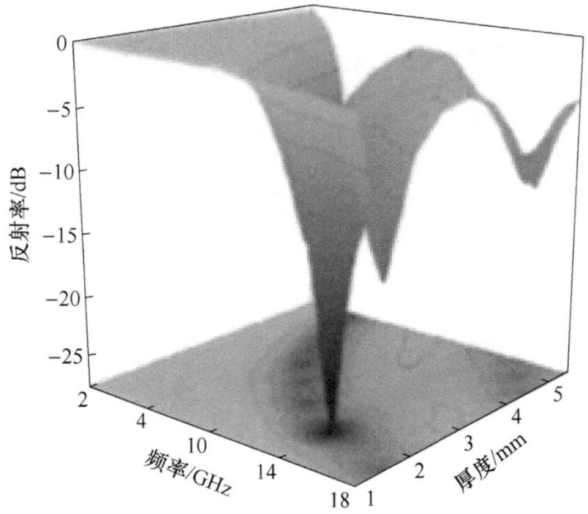
0
−5
−10
−15
−20
−25
反射率/dB
2
4
10
14
18
频率/GHz
1
2
3
4
5
厚度/mm

(d)

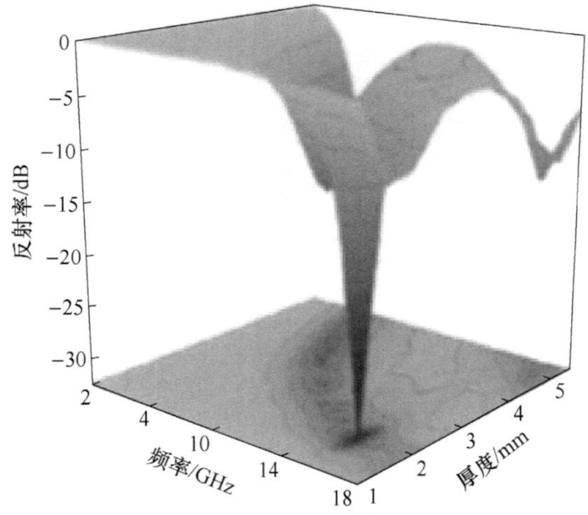
0
−5
−10
−15
−20
−25
−30
反射率/dB
2
4
10
14
18
频率/GHz
1
2
3
4
5
厚度/mm

(e)

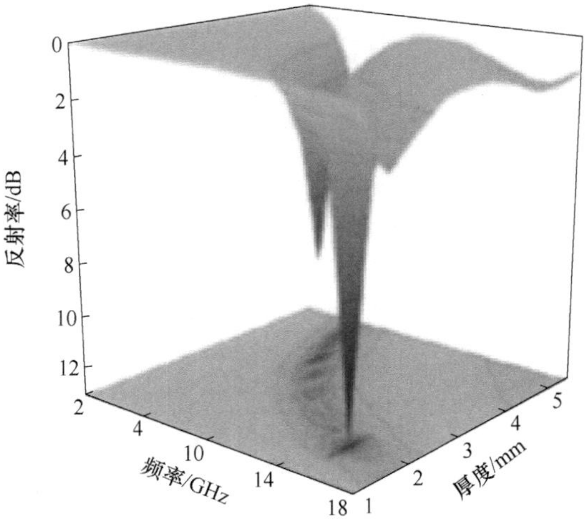
0
2
4
6
8
10
12
反射率/dB
2
4
10
14
18
频率/GHz
1
2
3
4
5
厚度/mm

(f)

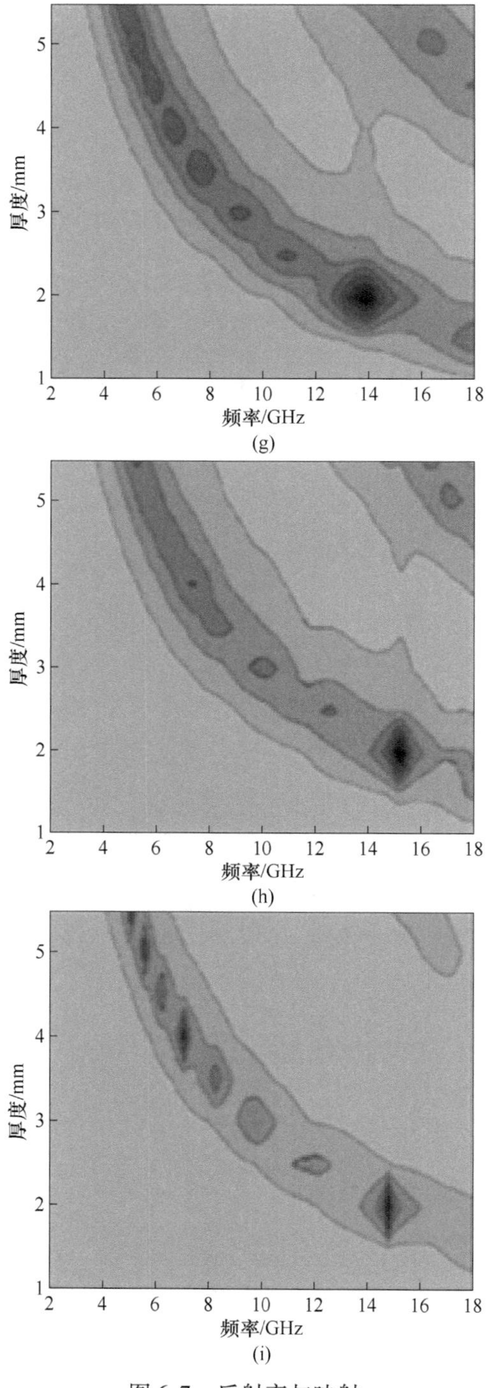


扫一扫看
更清楚

图 6-7　反射率与映射

（a）$CoO/g\text{-}C_3N_4$；（b）$CoSe_2/g\text{-}C_3N_4$；（c）$CoO/CoSe_2/g\text{-}C_3N_4$ 的 *RL* 曲线；（d）不同吸收厚度的 $CoO/g\text{-}C_3N_4$；（e）$CoSe_2/g\text{-}C_3N_4$；（f）$CoO/CoSe_2/g\text{-}C_3N_4$ 的三维 *RL* 曲线；（g）不同吸收厚度的 $CoO/g\text{-}C_3N_4$；（h）$CoSe_2/g\text{-}C_3N_4$；（i）$CoO/CoSe_2/g\text{-}C_3N_4$ 的二维 *RL* 曲线

$C_3N_4$ 三元异质结构具有较突出的 $RL_{min}$ 值、厚度和有效吸收带宽。由不同厚度 3 个样品的 $RL_{min}$ 值比较可知，厚度为 5.5 mm 的 CoO/$CoSe_2$/g-$C_3N_4$ 具有最好的 $RL_{min}$ 值，说明在不同的频率范围内上述合成的 CoO/g-$C_3N_4$、CoO/$CoSe_2$/g-$C_3N_4$ 和 $CoSe_2$/g-$C_3N_4$ 的 EMW 吸收能力受吸收层厚度的影响较大。通过对比上述数据可知，由于异质结构的界面极化和 g-$C_3N_4$ 范德华耳斯结构的影响，三个样品均具有良好的 EMW 吸收性能，尤其是 CoO/$CoSe_2$/g-$C_3N_4$ 是其中 $RL$ 值和带宽值最好的，由此说明自旋子在 FM-AFM-半导体异质结构界面间传输时会损失大量 EMW 能量。

为了更好地评价实际条件下的 $RL$ 特性，研究了 CoO、$CoSe_2$，和 g-$C_3N_4$ 的自旋分辨部分 DOS 和光学性质的理论计算进一步证明，如图 6-8 所示。费米能量为零的自旋分辨部分 DOS 用垂直虚线表示。

计算得到的 CoO 自旋分辨部分 DOS 如图 6-8(a) 所示；观察到部分 DOS 具有自旋向上和自旋向下的状态。总磁矩为零，证明纯 CoO 是 AFM p 型半导体。图 6-8(b) 为 $CoSe_2$ 的总态密度图和分波态密度图。在费米能级附近明显的自旋分裂意味着上下自旋电子态的自旋对称性已经被破坏。因此，纯 $CoSe_2$ 是 FM 金属导体。图 6-8(c) 为 g-$C_3N_4$ 的总态密度图和分数波态密度图，从图中可以看出，自旋向上和自旋向下的部分 DOS 是相同的，它的价带和导带边缘都在 $G$ 点，这证明 g-$C_3N_4$ 是直接带隙半导体。

光的强度随传播距离（穿透深度）而衰减，当光穿过材料时称为光吸收。图 6-8(d) ~ (f) 为 CoO、$CoSe_2$ 和 g-$C_3N_4$ 的吸收系数，由此可计算出 CoO 最大吸收峰的光子能量。CoO、$CoSe_2$ 和 g-$C_3N_4$ 分别为 16.8 eV、12.8 eV 和 16.7 eV，其最大吸收系数相应为 $3.8\times10^{-5}$ $cm^{-1}$，$3.1\times10^{-5}$ $cm^{-1}$，$4.2\times10^{-5}$ $cm^{-1}$，表明 g-$C_3N_4$ 的吸收值最高，高于 CoO 和 $CoSe_2$。这可能是由于电子更容易引起 g-$C_3N_4$ 的范德华层间结构的跃迁。

通过计算微分电荷密度来阐明电荷转移方向和成键极化。具体如图 6-9 所示。图 6-9 显示了 CoO、$CoSe_2$ 和 g-$C_3N_4$ 的电荷密度差。其中 CoO 是由 Co 和 O 原子相互作用形成的（图 6-9 (a)），电子被重新排列。Co 原子以电子损失（蓝色）为主，而 O 原子以电子获得（黄色）为主。电子在 Co 和 O 原子之间重新分配，形成 Co—O 离子键。图 6-9(b) 显示了自由电子穿梭及其与所有 Co 和 Se 离子相互作用形成金属键，但 Co 原子显示电子损失（蓝色）。图 6-9(c) 显示了 C 原子在 $sp^3$ 构型四面体的顶点与 4 个 N 原子杂化形成共价键。因此，在

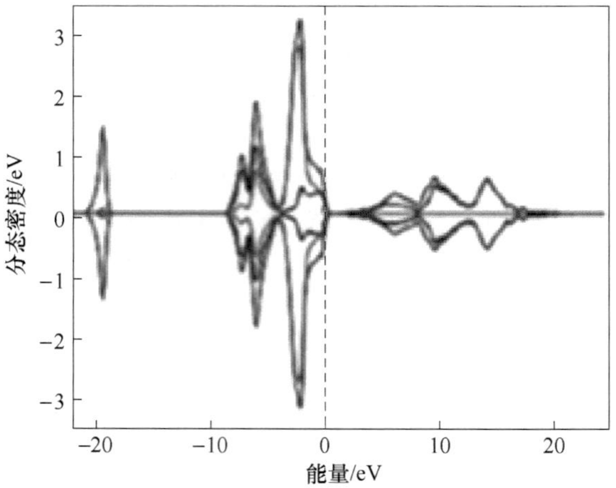


(a)

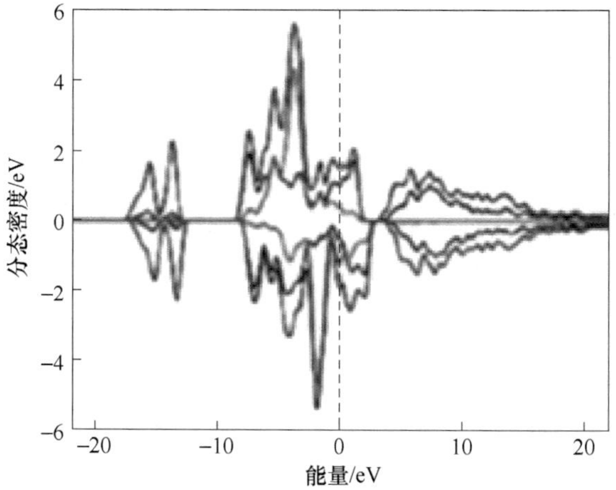


(b)

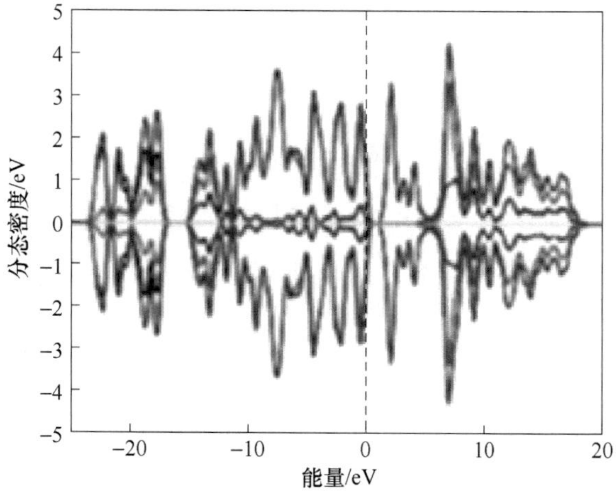


(c)

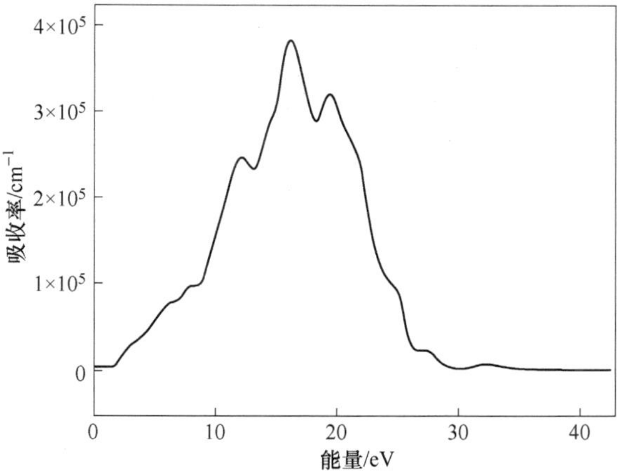


(d)

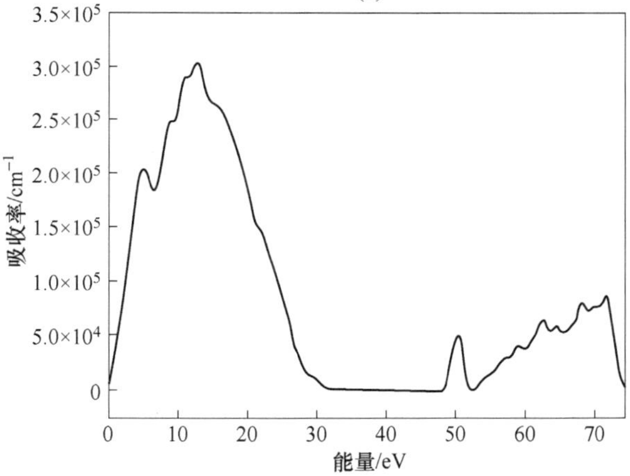


(e)

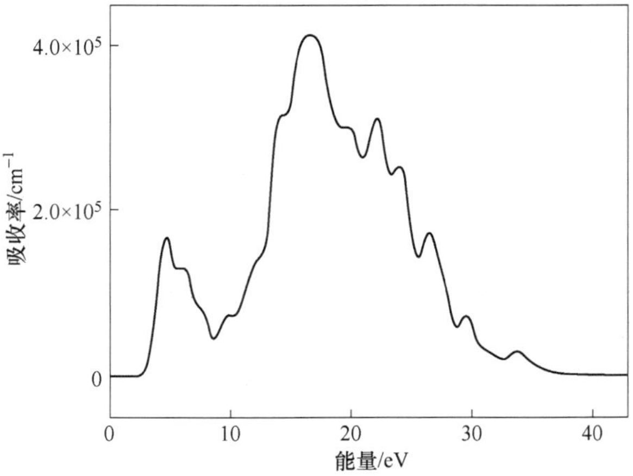


(f)

扫一扫看
更清楚

图 6-8 分态密度和吸附系数

(a)~(c) 分态密度；(d)~(f) CoO、$CoSe_2$ 和 g-$C_3N_4$ 的吸附系数

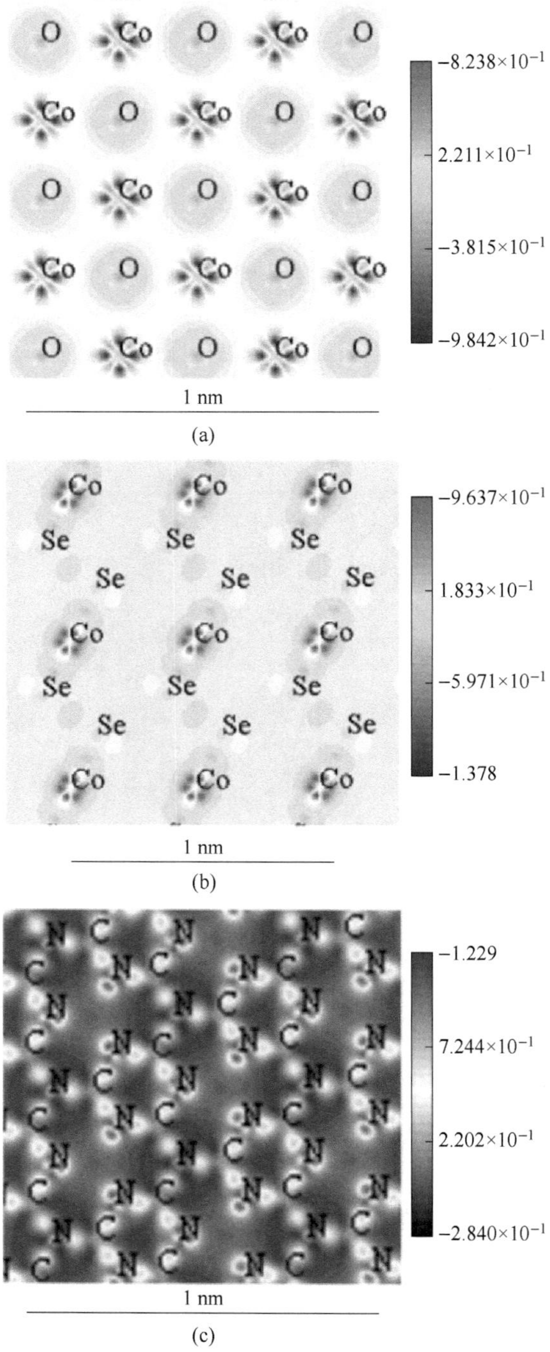


图 6-9 电荷密度

（a）CoO；（b）$CoSe_2$；（c）g-$C_3N_4$

$CoO/CoSe_2/g\text{-}C_3N_4$ 中存在不同的电荷移动方式，而异质结构可以通过不同方式移动电子来消耗入射 EMW 的能量，从而降低 EMW 的反射率。

$CoO/CoSe_2/g\text{-}C_3N_4$ 具有良好的吸收性能是多重机制作用的结果。$CoO/CoSe_2/g\text{-}C_3N_4$ 具有良好的吸收性能异质结构是由介质损耗和磁损耗等多种机制引起的（图 6-10（a））。吸收剂的固有特性由材料的物理化学性质和电子相互作用协同决定。对 $CoO/CoSe_2/g\text{-}C_3N_4$ 进行分析，从电导率和磁性的角度来看，异质结构中含有 FM 导体（$CoSe_2$）、非磁性半导体（$g\text{-}C_3N_4$）和 AFM 半导体（CoO）。不同种类的磁性和电学材料发挥各自的吸收机制，实现协同吸收，从而改善 EMW 损耗性能。虽然所有的 $CoO/CoSe_2/g\text{-}C_3N_4$、$CoO/g\text{-}C_3N_4$ 和 $CoSe_2/g\text{-}C_3N_4$ 样品具有良好的 EMW 吸收性能，但由于 $CoO/CoSe_2/g\text{-}C_3N_4$ 较 $CoO/CoSe_2$、$CoO/g\text{-}C_3N_4$ 和 $CoSe_2/g\text{-}C_3N_4$ 有更好的异质结构界面，所以其吸波性能最好。因为在不同异质结构界面处由于晶格错配会产生较大的在交变电磁场（EM）作用，导致偶极子极化和弛豫的晶格畸变数和缺陷浓度增强。根据 Kubelka-Munk 函数，$E_{VB}$（价带电位）$=E_{CB}$（传导带电位）$+E_g$（能带隙）。单独 CoO、$CoSe_2$、$g\text{-}C_3N_4$ 材料的能带隙（$E_g$）分别为 2.6 eV、0 和 2.7 eV。其中 CoO 物质导带中的光生电子会转移到 $g\text{-}C_3N_4$ 物质的导带中，以及物质 $g\text{-}C_3N_4$ 价带中的光生空穴将转移到物质 CoO 的价带，有利于 EM 能的损失（图 6-10（b）(e)）。此外，由于 $CoSe_2$ 的存在而引起的涡流损耗和谐振损耗叠加是磁损耗的主要来源（图 6-10(c)(d)）。

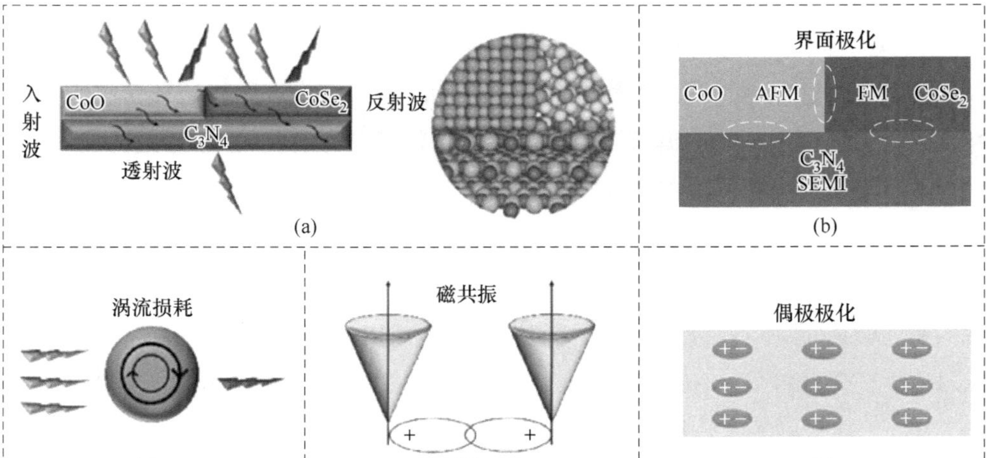


图 6-10 $CoO/CoSe_2/g\text{-}C_3N_4$ 可能的 EMW 吸收机制异质结构

## 6.4 结　论

综上，通过可控的水热反应制备了 $CoO/g\text{-}C_3N_4$，$CoSe_2/g\text{-}C_3N_4$ 和 $CoO/CoSe_2/g\text{-}C_3N_4$ 异质结构。其中 $CoO/g\text{-}C_3N_4$，$CoSe_2/g\text{-}C_3N_4$ 和 $CoO/CoSe_2/g\text{-}C_3N_4$ 的 $RL_{min}$ 值分别达到 -27.91 dB(13.81 GHz)、-65.55 dB(14.74 GHz) 和 -32.91 dB（15.11 GHz)，且其 $RL$ 带宽（小于 -10 dB）分别为3.07（13.39~16.46 GHz)、5.73（18.00~12.27 GHz）和4.10 GHz（16.00~11.90 GHz)。其中，$CoO/CoSe_2/g\text{-}C_3N_4$ 多界面异质结构由于其 FM-AFM-SEMI 界面极化，具有最佳的 EMW 吸收性能，这证明了多种磁（电）性质形成的异质结构通过各种损耗机制消耗入射 EM 能量，为先进 EM 吸收材料的设计和优化提供了新的途径。

本书对磁性纳米颗粒/碳基复合材料制备及其改变实验条件对其形貌的影响、表面功能化后的分散稳定性变化、磁学性能变化以及电磁波吸收性能等方面进行了系统、全面的研究，并对晶体结构、晶体尺寸等对电磁波吸收的影响及其机理进行了分析。具体研究成果和结论如下。

（1）通过合理的方法成功制备了一系列小尺寸 $Ni_2P$ 包覆的 CNTs 复合材料。通过调节 $Ni(acac)_2$ 前驱体的添加量，可以控制 $Ni_2P$ 涂层的含量。其中，$Ni_2P$/CNTs-2 复合材料的吸收能力最好，其 $RL_{min}$ 值在5.28 GHz 时为 -51.8 dB，厚度为4.5 mm，不同厚度（1.5~5 mm）的 $RL_{min}$ 值小于 -10 dB。与纯 CNTs 和 $Ni_2P$ 相比，$Ni_2P$/CNTs 复合材料由于介电损耗和磁损耗的结合、界面损耗的引入和匹配阻抗的提高，显著提高了电磁波的吸收性能。这些结果表明，这种新型吸声材料作为 S 波段高效轻质电磁波吸收材料在雷达领域具有潜在的应用前景。

（2）本书采用热分解法成功地合成了 Co NPs 和 Co/NGN。通过比较 Co/NGN 复合材料、Co NPs 和 NGN 的性能发现，Co/NGN 复合材料具有较优异的电磁波吸收性能，这可能是由于 Co/NGN 复合材料中具有磁性的 Co NPs 和具有介电特性的富含缺陷的 NGN 的协同作用所致。在1.0~5.5 mm 厚度范围内，花瓣状 Co/NGN 复合材料(Co/NGN-2)的 $RL$ 值均小于 -20 dB。特别是在 Ku 波段（12~18 GHz)，其电磁波吸收性能非常优异。Co/NGN-2 的最小 $RL$ 值(-45.8 dB）出现在13.48 GHz 处，而其有效吸收带宽（$RL$ 小于 -10 dB）为4.6 GHz。另外，当 Co/NGN-2 的涂层厚度在1.0~5.5 mm 范围内时，其有效吸收带宽可以达到

13.68 GHz。这些研究结果表明，花瓣状 Co/NGN 复合材料在电磁波吸收领域具有重要的应用价值。

（3）采用水热法合成了分散性好、微波吸收性能优异的 $NiFe_2O_4$/RGO 复合材料，其中小粒径单分散 $NiFe_2O_4$ 纳米颗粒均匀分布在 RGO 表面。$NiFe_2O_4$/RGO 复合材料在 9.2 GHz 下的最低反射损耗为 −27.7 dB。该复合材料在非极性溶剂中具有良好的分散性，易于分散成吸波涂料，在工业吸波领域应用方便。$NiFe_2O_4$/RGO 复合材料的反射损耗远大于纯 $NiFe_2O_4$ 和 RGO，这可能是由于 RGO 腔内的磁性 $NiFe_2O_4$ NPs 增加了电阻率。不同厚度层的最佳反射损耗集中在 X 波段（8～12 GHz）。$NiFe_2O_4$/RGO 复合材料在 C 波段的微波吸收性能远远好于报道的复合材料，包括针孔 $Fe_3O_4$/C 和 $CoFe_2O_4$/CNTs。这可能是因为 RGO 同时提高了复合材料的相对介电常数和微波吸收性能。在相同条件下，$NiFe_2O_4$/RGO 复合材料的反射损耗最小，这可能与介电损耗正切与磁损耗正切的匹配有关。吸收性能取决于介质损耗正切和磁损耗正切的匹配程度。这就是为什么 $NiFe_2O_4$/RGO 复合材料在 X 波段（8～12 GHz）具有最优异的电磁波吸收性能的原因。

（4）用溶剂热法制备了 $CoSe_2$ 和 NiS/CNTs 两种样品，其中 $CoSe_2$ 形状是类似雪花状的。每个雪花状的结构上都有无数个小尺寸的颗粒团聚成的。用网络矢量分析仪对 $CoSe_2$ 进行了吸波性能的测试。$CoSe_2$ 吸波涂层厚度为 4 mm 时吸波性能最好，频率为 17.3 GHz 附近，*RL* 值为 −7.6 dB。

对 NiS/CNTs 样品来说可初步得出反应时反应温度、保温时间、硫镍比、硫化镍和碳纳米管的质量比能够控制 NiS/CNTs 纳米颗粒的粒径大小。反应温度越高，粒径越小；保温时间越短，粒径越小；硫镍比对粒径大小变化的影响不是很大；碳纳米管的量的增加能减小粒径。通过反射率曲线分析得知，硫化镍/碳纳米复合材料具有较好的吸波性能。涂层厚度越薄，反射率越低，其吸波性能越好。吸收最大值出现在吸波层厚度为 2 mm、频率为 6.96 GHz 附近，*RL* 值为 −13.22 dB。

（5）利用简单的水热法制备三种基于 g-$C_3N_4$ 的多界面异质结构材料，FM/SEMI（CoO/$CoSe_2$），AFM/SEMI（CoO/g-$C_3N_4$）以及 AFM/FM/SEMI（CoO/$CoSe_2$/g-$C_3N_4$），通过梯度加热条件，并在 2～18 GHz 的宽频率范围内进行测试。结果表明：CoO/g-$C_3N_4$，$CoSe_2$/g-$C_3N_4$ 和 CoO/$CoSe_2$/g-$C_3N_4$ 的 $RL_{min}$ 值分别达到 −27.91 dB（13.81 GHz）、−65.55 dB（14.74 GHz）和 −32.91 dB（15.11 GHz），且其 *RL*

带宽(小于 -10 dB)分别为 3.07(13.39 ~ 16.46 GHz)、5.73(18.00 ~ 12.27 GHz)和 4.10 GHz (16.00 ~ 11.90 GHz)。其中，$CoO/CoSe_2/g\text{-}C_3N_4$ 多界面异质结构由于其 FM-AFM-SEMI 界面极化，具有最佳的 EMW 吸收性能，这证明了多种磁（电）性质形成的异质结构通过各种损耗机制消耗入射 EM 能量，为先进 EM 吸收材料的设计和优化提供了新的途径。

# 参考文献

[1] Wang J, Xu J, Meng X, et al. Template-assisted synthesis and novel microwave absorption properties of superparamagnetic 2D-nanolamellar $Fe_3O_4$ [J]. Mater Res Bulletin, 2014, 49 (1): 176-184.

[2] Shen X, Song F, Yang X, et al. Hexaferrite/α-iron composite nanowires: Microstructure, exchange-coupling interaction and microwave absorption [J]. J. Alloy Compd., 2015, 621 (2): 146-153.

[3] Wu T, Liu Y, Zeng X, et al. Facile hydrothermal synthesis of $Fe_3O_4$/C core-Shell nanorings for efficient low-frequency microwave absorption [J]. ACS Appl. Mater. Inter., 2016, 8 (11): 7370-7380.

[4] Huang Y, Wang Y, Li Z, et al. Effect of pore morphology on the dielectric properties of porous carbons for microwave absorption applications [J]. J. Phys. Chem. C, 2014, 118 (45): 26027-26032.

[5] Yang H, Ye T, Lin Y, et al. Excellent microwave absorption property of ternary composite: Polyaniline-$BaFe_{12}O_{19}$-$CoFe_2O_4$ powders [J]. J Alloy Compd., 2015, 653 (25): 135-139.

[6] Wang T, Li Y, Geng S, et al. Preparation of flexible reduced graphene oxide/poly (vinyl alcohol) film with superior microwave absorption properties [J]. RSC Adv., 2015, 5 (108): 88958-88964.

[7] Sun J, Li J, Sun G, et al. Dielectric and infrared properties of silicon carbide nanopowders [J]. Ceram. Int., 2002, 28 (7): 741-745.

[8] Meng F, Zhao R, Zhan Y, et al. Preparation and microwave absorption properties of Fe-phthalocyanine oligomer/$Fe_3O_4$ hybrid microspheres [J]. Appl Surf Sci., 2011, 257 (11): 5000-5005.

[9] Zhuo R, Wang Y, Yan D, et al. One-step synthesis and excellent microwave absorption of hierarchical tree-like ZnO nanostructures [J]. Mater Lett., 2014, 117 (2): 34-39.

[10] Zhou M, Zhang X, Wei, J, et al. Morphology-controlled synthesis and novel microwave absorption properties of hollow urchinlike α-$MnO_2$ nanostructures [J]. J Phys Chem C, 2011, 115 (5): 1398-1402.

[11] Zhao B, Fan B, Xu Y, et al. Preparation of honeycomb $SnO_2$ foams and configuration-dependent microwave absorption features [J]. ACS Appl. Mater. Inter., 2015, 7 (47): 26217-26225.

[12] Phan S, Tadokoro M, Watanabe J, et al. Microwave absorption behaviors of polyaniline

nanocomposites containing $TiO_2$ nanoparticles [J]. Curr Appl Phys., 2008, 8 (3/4): 391-394.

[13] Yan S, Dai S, Ding H, et al. Influence of Ni/Co molar ratio on electromagnetic properties and microwave absorption performances for Ni/Co paraffin composites [J]. J Magn Magn Mater, 2014, 358-359 (5): 170-176.

[14] Wang A, Wang W, Long C, et al. Facile preparation, formation mechanism and microwave absorption properties of porous carbonyl iron flakes [J]. J Mater Chem C, 2014, 2 (19): 3769-3776.

[15] Qiao L, Wen F, Wei J, et al. Microwave permeability spectra of flake-shaped FeCuNbSiB particle composites [J]. J Appl Phys, 2008, 103 (3): 063903.

[16] Wang H, Wu L, Jiao J, et al. Covalent interaction enhanced electromagnetic wave absorption in SiC/Co hybrid nanowires [J]. J Mater Chem A, 2015, 3 (12): 6517-6525.

[17] Liu J, Itoh M, Machida K. GHz range absorption properties of $\alpha$-Fe/$Y_2O_3$ nanocomposites prepared by melt-spun technique [J]. Chem Lett., 2003, 32 (4): 394-398.

[18] Hou Y, Cheng L, Zhang Y, et al. Electrospinning of Fe/SiC hybrid fibers for highly efficient microwave absorption [J]. ACS Appl. Mater. Inter., 2017, 9 (8): 7265-7271.

[19] Jiang J, Li D, Geng D, et al. Microwave absorption properties of core double-shell FeCo/C/$BaTiO_3$ nanocomposites [J]. Nanoscale, 2014, 6 (8): 3967-3971.

[20] Liu X, Geng D, Meng H, et al. Microwave-absorption properties of ZnO-coated iron nanocapsules [J]. Appl Phys Lett., 2008, 92 (17): 173117.

[21] Kunal M, Suneel K. $Fe_3O_4$@Carbon@Polyaniline trilaminar core-shell composites as superior microwave absorber in shielding of electromagnetic pollution [J]. ACS Sustainable Chem. Eng., 2017, 5 (11): 10710-10721.

[22] Che R, Peng L, Duan X, et al. Microwave absorption enhancement and complex permittivity and permeability of Fe encapsulated within carbon nanotubes [J]. Adv Mater, 2004, 16 (5): 401-405.

[23] Wang L, Xing H, Gao S, et al. Porous flower-like NiO@graphene composites with superior microwave absorption properties [J]. J. Mater. Chem. C, 2017, 5 (8): 2005-2014.

[24] Zhang X, Dong X, Huang H, et al. Microwave absorption properties of the carbon-coated nickel nanocapsules [J]. Appl Phys Lett., 2006, 89 (5): 053115.

[25] Wen F, Zhang F, Liu Z. Investigation on microwave absorption properties for multiwalled carbon nanotubes/Fe/Co/Ni nanopowders as lightweight absorbers [J]. J Phys Chem C, 2011, 115 (29): 14025-14030.

[26] Wang L, Tian C, Wang H, et al. Mass production of graphene via an in situ self-generating template route and its promoted activity as electrocatalytic support for methanol electroxidization

[J]. J Phys Chem C, 2010, 114 (19): 8727-8733.

[27] Bolton J, Archer M. Basic Electron-Transfer Theory [M]. Washington: Advances in Chemistry, 2009: 7-23.

[28] Liu W, Li H, Zeng Q, et al. Fabrication of ultralight three-dimensional graphene networks with strong electromagnetic wave absorption properties [J]. J Mater Chem A, 2015, 3 (7): 3739-3747.

[29] Ren Y, Zhu C, Zhang S, et al. Three-dimensional $SiO_2$ @ $Fe_3O_4$ core/shell nanorod array/graphene architecture: synthesis and electromagnetic absorption properties [J]. Nanoscale, 2013, 5 (24): 12296-12303.

[30] Guan X, Qu P, Guan X, et al. Hydrothermal synthesis of hierarchical CuS/ZnS nanocomposites and their photocatalytic and microwave absorption properties [J]. RSC Adv., 2014, 4 (30): 15579-15586.

[31] Liu P, Huang Y, Yan J, et al. Construction of CuS nanoflakes vertically aligned on magnetically decorated graphene and their enhanced microwave absorption properties [J]. ACS Appl. Mater. Inter., 2016, 8 (8): 5536-5546.

[32] Singh A, Mishra M, Sambyal P, et al. Encapsulation of $\gamma$-$Fe_2O_3$ decorated reduced graphene oxide in polyaniline core-shell tubes as an exceptional tracker for electromagnetic environmental pollution [J]. J. Mater. Chem. A, 2014, 2 (10): 3581-3593.

[33] Zhou X, Jia Z, Feng A, et al. Synthesis of fish skin-derived 3D carbon foams with broadened bandwidth and excellent electromagnetic wave absorption performance [J]. Carbon, 2019, 152 (11): 827-836.

[34] Shahzad F, Alhabeb M, Hatter C, et al. Electromagnetic interference shielding with 2D transition metal carbides (MXenes) [J]. Science, 2016, 353 (6304): 1137-1140.

[35] Fernάndez-García R, Gil I. Measurement of the environmental broadband electromagnetic waves in a mid-size european city [J]. Environ. Res., 2017, 158 (10): 768-772.

[36] Baskey H. Microwave absorption properties of double-layer composites using CoZn/NiZn/MnZn-ferrite and titanium dioxide [J]. J. Magn. Magn. Mater., 2015, 377 (15): 111-116.

[37] Cheng Y, Cao J, Li Y, et al. The outside-in approach to construct $Fe_3O_4$ nanocrystals/mesoporous carbon hollow spheres core-shell hybrids toward microwave absorption [J]. ACS Sustainable Chem. Eng., 2018, 6 (1): 1427-1435.

[38] Qing Y, Min D, Zhou Y, et al. Graphene nanosheet- and flake carbonyl iron particle-filled epoxy-silicone composites as thin-thickness and wide-bandwidth microwave absorber [J]. Carbon, 2015, 86 (5): 98-107.

[39] Feng A, Hou T, Jia Z, et al. Synthesis of a hierarchical carbon fiber @ cobalt ferrite @

manganese dioxide composite and its application as a microwave absorber [J]. RSC Adv., 2020, 10 (18): 10510-10518.

[40] Ma Q, Hu M, Yuan Y, et al. Colloidal dispersion of $Nb_2O_5$/reduced graphene oxide nanocomposites as functional coating layer for polysulfide shuttle suppression and lithium anode protection of Li-S battery [J]. Journal of Colloid and Interface Science, 2020, 566 (4): 11-20.

[41] Gao S, Zhou N, An Q, et al. Facile solvothermal synthesis of novel hetero-structured CoN-CuO composites with excellent Microwave absorption performance [J]. RSC Adv., 2017, 7 (69): 43689-43699.

[42] Dai B, Zhao B, Xie X, et al. Novel two-dimensional $Ti_3C_2T_x$ MXenes/nano-carbon sphere hybrids for high-performance microwave absorption [J]. J. Mater. Chem. C, 2018, 6 (21): 5690-5697.

[43] Zhou S, Huang Y, Liu X, et al. Synthesis and microwave absorption enhancement of CoNi@$SiO_2$@C hierarchical structures [J]. Ind. Eng. Chem. Res., 2018, 57 (16): 5507-5516.

[44] Chen Y, Liu X, Mao X, et al. γ-$Fe_2O_3$-MWNT/poly (p-phenylenebenzobisoxazole) composites with excellent microwave absorption performance and thermal stability [J]. Nanoscale, 2014, 6 (12): 6440-6447.

[45] Ko W, Su J, Guo C, et al. Extraordinary mechanical flexibility in composite thin films composed of bimetallic AgPt nanoparticle-decorated multi-walled carbon nanotubes [J]. Carbon, 2012, 50 (6): 2244-2251.

[46] Zhao H, Cheng Y, Liang X, et al. Constructing large interconnect conductive networks: an effective approach for excellent electromagnetic wave absorption at gigahertz [J]. Ind. Eng. Chem. Res., 2018, 57 (6): 2155-2164.

[47] Zhang H, Tian X, Zhang X, et al. Preparation and electromagnetic wave absorption of RGO/Cu nanocomposite [J]. Russ. J. Phys. Chem. A, 2017, 91 (9): 1771-1774.

[48] Han M, Yin X, Hou Z, et al. Flexible and thermostable graphene/SiC nanowire foam composites with tunable electromagnetic wave absorption properties [J]. ACS Appl. Mater. Interfaces, 2017, 9 (13): 11803-11810.

[49] Zhang L, Zhang X, Zhang G, et al. Investigation on the optimization, design and microwave absorption properties of reduced graphene oxide/tetrapod-like ZnO composites [J]. RSC Adv., 2015, 5 (14): 10197-10203.

[50] Wang Y, Chen D, Yin X, et al. Hybrid of $MoS_2$ and reduced graphene oxide: a lightweight and broadband electromagnetic wave absorber [J]. ACS Appl. Mater. Interfaces, 2015, 7 (47): 26226-26234.

[51] Song Z, Liu X, Sun X, et al. Alginate-templated synthesis of CoFe/carbon fiber composite and the effect of hierarchically porous structure on electromagnetic wave absorption performance [J]. Carbon, 2019, 151 (10): 36-45.

[52] Che R, Zhi C, Liang C, et al. Fabrication and microwave absorption of carbon nanotubes/ $CoFe_2O_4$ spinel nanocomposite [J]. Appl. Phys. Lett., 2006, 88 (3): 033105.

[53] Ghashghaei E, Kheirjou S, Asgari S, et al. Nanostructured ternary composites of PPy/CNT/ $NiFe_2O_4$ and PPy/CNT/ $CoFe_2O_4$: delineating and improving microwave absorption [J]. CR Chim., 2018, 21 (9): 862-871.

[54] Zhao C, Zhang A, Zheng Y, et al. Electromagnetic and microwave-absorbing properties of magnetite decorated multiwalled carbon nanotubes prepared with poly (N-vinyl-2-pyrrolidone) [J]. Mater. Res. Bull., 2012, 47 (2): 217-221.

[55] Xiong J, Xiang Z, Zhao J, et al. Layered NiCo alloy nanoparticles/nanoporous carbon composites derived from bimetallic MOFs with enhanced electromagnetic wave absorption performance [J]. Carbon, 2019, 154 (12): 391-401.

[56] Carenco S, Hu Y, Florea I, et al. Metal-dependent interplay between crystallization and phosphorus diffusion during the synthesis of metal phosphide nanoparticles [J]. Chem. Mater., 2012, 24 (21): 4134-4145.

[57] Muthuswamy E, Savithra G, Brock S. Synthetic levers enabling independent control of phase, size, and morphology in nickel phosphide nanoparticles [J]. ACS Nano., 2011, 5 (3): 2402-2411.

[58] Muthuswamy E, Brock SL. Solid-state phase transformations in solution: templated conversion of nanoscale nickel phosphides [J]. Chem. Commun., 2011, 47 (45): 12334-12336.

[59] Wang J, Johnston-Peck A, Tracy J. Nickel phosphide nanoparticles with hollow, solid, and amorphous structures [J]. Chem. Mater., 2009, 21 (19): 4462-4467.

[60] Streckova M, Mudra E, Orinakova R. Nickel and nickel phosphide nanoparticles embedded in electrospun carbon fibers as favourable electrocatalysts for hydrogen evolution [J]. Chem. Eng. J., 2016, 303 (1): 167-181.

[61] Popczun E, McKone J, Read C, et al. Nanostructured nickel phosphide as an electrocatalyst for the hydrogen evolution reaction [J]. J. Am. Chem. Soc., 2013, 135 (25): 9267-9270.

[62] Green M, Tian L, Xiang P, et al. FeP nanoparticles: a new material for microwave absorption [J]. Mater. Chem. Front., 2018, 2 (6): 1119-1125.

[63] Zhang H, Ha D, Hovden R, et al. Controlled synthesis of uniform cobalt phosphide hyperbranched nanocrystals using tri-n-octylphosphine oxide as a phosphorus source [J]. Nano Lett., 2011, 11 (1): 188-197.

[64] Wang S, Zhang L, Li X, et al. Sponge-like nickel phosphide-carbon nanotube hybrid electrodes for efficient hydrogen evolution over a wide pH range [J]. Nano Res., 2017, 10 (22): 415-425.

[65] Pan Y, Hu W, Liu D, et al. Carbon nanotubes decorated with nickel phosphide nanoparticles as efficient nanohybrid electrocatalysts for the hydrogen evolution reaction [J]. J. Mater. Chem. A, 2015, 3 (24): 13087-13094.

[66] Han A, Chen H, Sun Z, et al. High catalytic activity for water oxidation based on nanostructured nickel phosphide precursors [J]. Chem. Commun., 2015, 51 (58): 11626-11629.

[67] Pan Y, Liu Y, Liu C. Nanostructured nickel phosphide supported on carbon nanospheres: synthesis and application as an efficient electrocatalyst for hydrogen evolution [J]. J. Power Sources, 2015, 285 (1): 169-177.

[68] Lu Y, Wang X, Mai Y, et al. $Ni_2P$/Graphene sheets as anode materials with enhanced electrochemical properties versus lithium [J]. J. Phys. Chem. C, 2012, 116 (42): 22217-22225.

[69] Pan Y, Yang N, Chen Y, et al. Nickel phosphide nanoparticles-nitrogen-doped graphene hybrid as an efficient catalyst for enhanced hydrogen evolution activity [J]. J. Power Sources, 2015, 297 (30): 45-52.

[70] Pu Z, Liu Q, Tang C, et al. $Ni_2P$ Nanoparticle films supported on a Ti plate as an efficient hydrogen evolution cathode [J]. Nanoscale, 2014, 6 (19): 11031-11034.

[71] Yu X, Feng Y, Guan B, et al. Carbon coated porous nickel phosphides nanoplates for highly efficient oxygen evolution reaction [J]. Energy Environ. Sci., 2016, 9 (4): 1246-1250.

[72] Zhu Y, Liu Y, Ren T, et al. Self-supported cobalt phosphide mesoporous nanorod arrays: a flexible and bifunctional electrode for highly active electrocatalytic water reduction and oxidation [J]. Adv. Funct. Mater., 2015, 25 (47): 7337-7347.

[73] Popczun E, Read C, Roske C, et al. Highly active electrocatalysis of the hydrogen evolution reaction by cobalt phosphide nanoparticles [J]. Angew. Chem. Int. Ed., 2014, 53 (21): 5427-5430.

[74] Ning M, Lu M, Li J, et al. Two-Dimensional nanosheets of $MoS_2$: a promising material with high dielectric properties and microwave absorption performance [J]. Nanoscale, 2015, 7 (38): 15734-15740.

[75] Yang H, Cao W, Zhang D, et al. NiO hierarchical nanorings on SiC: enhancing relaxation to tune microwave absorption at elevated emperature [J]. ACS Appl. Mater. Inter., 2015, 7 (13): 7073-7077.

[76] Wang G, Nie L, Yu S. Tunable wave absorption properties of β-$MnO_2$ nanorods and heir application in dielectric composites [J]. RSC Adv., 2012, 2 (15): 6216-6221.

[77] Wang L, Huang Y, Sun X, et al. Synthesis and microwave absorption enhancement of graphene@ $Fe_3O_4$ @ $SiO_2$ @ NiO nanosheet hierarchical structures [J]. Nanoscale, 2014, 6 (6): 3157-3164.

[78] Zhang N, Huang Y, Wang M. 3D Ferromagnetic graphene nanocomposites with ZnO nanorods and $Fe_3O_4$ nanoparticles Co-decorated for efficient electromagnetic wave absorption [J]. Compos. Part B, 2018, 136 (1): 135-142.

[79] Guo H, Zhan Y, Chen Z, et al. Decoration of basalt fibers with hybrid $Fe_3O_4$ microspheres and their mMicrowave absorption application in bisphthalonitrile composites [J]. J. Mater. Chem. A, 2013, 1 (6): 2286-2296.

[80] Lu X, Liang G, Zhang Y, et al. Synthesis of $FeNi_3/(Ni_{0.5}Zn_{0.5})Fe_2O_4$ nanocomposite and its high frequency complex permeability [J]. Nanotechnology, 2007, 18 (1): 015701-015705.

[81] Yan L, Hong C, Sun B, et al. In situ growth of core-sheath heterostructural SiC nanowire arrays on carbon fibers and enhanced electromagnetic wave absorption performance [J]. ACS Appl. Mater. Inter., 2017, 9 (7): 6320-6331.

[82] Ding D, Wang Y, Li X, et al. Rational design of core-shell Co@ C microspheres for high-performance microwave absorbtion [J]. Carbon, 2017, 111 (1): 722-732.

[83] Hekmatara H, Seifi M, Forooraghi K. Microwave absorption property of aligned MWCNT/$Fe_3O_4$ [J]. J. Magn. Magn. Mater., 2013, 346 (11): 186-191.

[84] Sha L, Gao P, Wu T, et al. Chemical Ni-C bonding in Ni-carbon nanotube composite by a microwave welding method and its induced high-frequency radar frequency electromagnetic wave absorption [J]. ACS Appl. Mater. Inter., 2017, 9 (46): 40412-40419.

[85] Han M, Yin X, Kong L, et al. Graphene-wrapped ZnO hollow spheres with enhanced electromagnetic wave absorption properties [J]. J. Mater. Chem. A, 2014, 2 (39): 16403-16409.

[86] Ma J, Liu W, Liang X, et al. Nanoporous $TiO_2$/C composites synthesized from directly pyrolysis of a Ti-based MOFs MIL-125 (Ti) for efficient microwave absorption [J]. J. Alloys Compd., 2017, 728 (25): 138-134.

[87] Wu F, Wang Y, Wang M. Using qrganic solvent absorption as a self-assembly method to synthesize three-dimensional (3D) reduced graphene oxide (RGO)/Poly (3, 4-ethylenedioxythiophene) (PEDOT) architecture and its electromagnetic absorption properties [J]. RSC Adv., 2014, 4 (91): 49780-49782.

[88] Liu G, Jiang W, Wang Y, et al. One-pot synthesis of Ag@ $Fe_3O_4$/reduced graphene oxide composite with excellent electromagnetic absorption properties [J]. Ceram. Int., 2015, 41

(3): 4982-4988.

[89] Jia K, Zhao R, Zhong J, et al. Preparation and microwave absorption properties of oose nanoscale $Fe_3O_4$ spheres [J]. Journal of Magnetism and Magnetic Materials, 2010, 322 (15): 2167-2171.

[90] Li D, Liao H, Kikuchi H, et al. Microporous Co@C nanoparticles prepared by dealloying CoAl@C precursors: achieving strong wideband microwave absorption via controlling carbon shell thickness [J]. ACS Appl. Mater. Inter., 2017, 9 (51): 44704.

[91] Feng J, Pu F, Li Z, et al. Interfacial interactions and synergistic effect of CoNi nanocrystals and nitrogen-doped graphene in a composite microwave absorber [J]. Carbon, 2016, 104 (8): 214-225.

[92] Chhetri S, Adak N, Samanta P, et al. Synergistic effect of $Fe_3O_4$ anchored N-doped RGO hybrid on mechanical, thermal and electromagnetic shielding properties of epoxy composites [J]. Compos. Part B-Eng., 2019, 166 (6): 371-381.

[93] Liu P, S Gao, Y Wang, et al. Carbon nanocages with N-doped carbon inner shell and Co/N-doped carbon outer shell as electromagnetic wave absorption materials [J]. Chem. Eng. J., 2020, 381 (12), 122653.

[94] N Li, Huang G, Li Y, et al. Enhanced microwave absorption performance of coated carbon nanotubes by optimizing the $Fe_3O_4$ nanocoating structure [J]. ACS Appl. Mater. Int., 2017, 9 (3): 2973-2983.

[95] Zhang Z, Lv Y, Chen X, et al. Porous flower-like Ni/C composites derived from MOFs toward high-performance electromagnetic wave absorption [J]. J. Magn. Magn. Mater., 2019, 487 (12): 165334.

[96] Hummers W, Offeman R. Preparation of graphitic oxide [J]. J. Am. Chem. Soc., 1958, 80: 1339.

[97] Cao H, Zhou X, Qin Z, et al. N-doped graphene@polyaniline nanorod arrays hierarchical structures: Synthesis and enhanced electromagnetic absorption properties [J]. Mater. Lett., 2014, 124 (6): 89-92.

[98] Zhao B, Deng J, Liang L, et al. Lightweight porous $Co_3O_4$ and Co/CoO nanofibers with tunable impedance match and configuration-dependent microwave absorption properties [J]. Cryst. Eng. Comm., 2017, 19 (41): 6095-6106.

[99] Yan F, Zong Y, Zhao C, et al. Porous Co nanospheres supported on nitrogen-doped graphene as high-efficiency electromagnetic wave absorbers with thin thickness [J]. J. Alloys Compd., 2018, 742 (4): 928-936.

[100] Huang J, Guo X, Yue G, et al. Boosting $CH_3OH$ production in electrocatalytic $CO_2$ reduction over partially oxidized 5 nm cobalt nanoparticles dispersed on single layer nitrogen-doped graphene [J]. ACS Appl. Mater. Inter., 2018, 10 (51): 44403-44414.

[101] Xie P, Zhuang G, Lü Y, et al. Enhanced bonding between noble metal adatoms and graphene with point defects [J]. Acta Phys. Chim. Sin., 2012, 28 (2): 331-335.

[102] Wu N, Fu L, Su M, et al. Interaction of fatty acid monolayers with cobalt nanoparticles [J]. Nano Lett., 2004, 4 (2): 383-386.

[103] Bai F, Huang H, Tian Y, et al. One-step preparation of N-doped graphene/Co nanocomposite as an advanced oxygen reduction electrocatalyst [J]. Electrochim. Acta, 2015, 176 (9): 280-284.

[104] Cong H, Wang P, Gong M, et al. Facile synthesis of mesoporous nitrogen-doped graphene: An efficient methanol-tolerant cathodic catalyst for oxygen reduction reaction [J]. Nano Energy, 2014, 3 (1): 55-63.

[105] He J, Wang X, Zhang Y, et al. Small magnetic nanoparticles decorating reduced graphene oxides to tune the electromagnetic attenuation capacity [J]. J. Mater. Chem. C, 2016, 4 (29): 7130-7140.

[106] Liu G, Jiang W, Sun D, et al. One-pot synthesis of urchinlike Ni nanoparticles/RGO composites with extraordinary electromagnetic absorption properties [J]. Appl. Surf. Sci., 2014, 314 (9): 523-529.

[107] Srikala D, Singh V, Banerjee A, et al. Control of magnetism in cobalt nanoparticles by oxygen passivation [J]. J. Phys. Chem. C, 2008, 112 (36): 13882- 13885.

[108] Li X, Feng J, Zhu H, et al. Sandwich-like graphene nanosheets decorated with superparamagnetic $CoFe_2O_4$ nanocrystals and their application as an enhanced electromagnetic wave absorber [J]. RSC Adv., 2014, 4 (62): 33619-33625.

[109] Yin Y, Liu X, Wei X, et al. Porous CNTs/Co composite derived from zeolitic imidazolate framework: a lightweight, ultrathin, and highly efficient electromagnetic wave absorber [J]. ACS Appl. Mater. Inter., 2016, 8 (50): 34686-34698.

[110] Shahzad F, Kumar P, Yu S, et al. Sulfur-doped graphene aminates for EMI shielding applications [J]. J. Mater. Chem. C, 2015, 3 (38): 9802-9810.

[111] Lv H, Ji G, Zhang H, et al. $Co_xFe_y$@C composites with tunable atomic ratios for excellent electromagnetic absorption properties [J]. Sci. Rep., 2016, 5 (1): 18249.

[112] Liu H, Li Y, Yuan M, et al. In situ preparation of cobalt nanoparticles decorated in N-Doped carbon nano fibers as excellent electromagnetic wave absorbers [J]. ACS Appl. Mater. Inter., 2018, 10 (26): 22591-22601.

[113] Biesinger M, Payne B, Grosvenor A, et al. Resolving surface chemical states in XPS analysis of first row transition metals, oxides and hydroxides: Cr, Mn, Fe, Co and Ni [J]. Appl. Surf. Sci., 2011, 257 (7): 2717-2730.

[114] Pan Y, Wang G, Liu L, et al. Binary synergistic enhancement of dielectric and microwave absorption properties: A composite of arm symmetrical PbS dendrites and polyvinylidene fluoride [J]. Nano Res., 2017, 10 (1): 284-294.

[115] Kong L, Yin X, Zhang Y, et al. Electromagnetic wave absorption properties of reduced graphene oxide modified by maghemite colloidal nanoparticle clusters [J]. J. Phys. Chem. C, 2013, 117 (38): 19701-19711.

[116] Qin F, Brosseau C. A review and analysis of microwave absorption in polymer composites filled with carbonaceous particles [J]. Appl. Phys., 2012, 111 (6): 061301.

[117] Deng J, Li S, Zhou Y, et al. Enhancing the microwave absorption properties of amorphous CoO nanosheet-coated Co (hexagonal and cubic phases) through interfacial polarizations [J]. J. Colloid Interf. Sci., 2018, 509 (1): 406-413.

[118] Wang H, Meng F, Li J, et al. Carbonized design of hierarchical porous carbon/$Fe_3O_4$@Fe derived from loofah sponge to achieve tunable high-performance microwave absorption [J]. ACS Sustainable Chem. Eng., 2018, 6 (9): 11801-11810.

[119] Shi X, Cao M, Yuan J, et al. Dual nonlinear dielectric resonance and nesting microwave absorption peaks of hollow cobalt nanochains composites with negative permeability [J]. Appl. Phys. Lett., 2009, 95 (16): 163108.

[120] Zong M, Huang Y, Zhao Y, et al. Facile preparation, high microwave absorption and microwave absorbing mechanism of RGO-$Fe_3O_4$ composites [J]. RSC Adv., 2013, 3 (45): 23638-23648.

[121] Yang B, Wu Y, Li X, et al. Surface-oxidized FeCo/carbon nanotubes nanorods for ightweight and efficient microwave absorbers [J]. Mater. Design, 2017, 136 (12): 13-22.

[122] Zhao B, Shao G, Fan B, et al. Time-sensitivity for the preparation and microwave absorption properties of core-shell structured Ni/$TiO_2$ composite microspheres [J]. J. Mater. Sci. Mater. Electron., 2015, 26 (11): 8848-8853.

[123] Yin Y, Liu X, Wei X, et al. Magnetically aligned Co-C/MWCNTs composite derived from MWCNT-Interconnected zeolitic imidazolate frameworks for a ightweight and highly efficient electromagnetic wave absorber [J]. ACS Appl. Mater. Inter., 2017, 9 (36): 30850-30861.

[124] Lin H, Zhu H, Guo H, et al. Microwave-absorbing properties of Co-filled carbon nanotubes [J]. Mater. Res. Bull., 2008, 43 (10): 2697-2702.

[125] Zhang M, Zhao J, Li Z, et al. Ultralong SiC/$SiO_2$ nanowires: simple gram-scale production and their effective blue-violet photoluminescence and microwave absorption properties [J]. ACS Sustain. Chem. Eng., 2018, 6 (3): 3596-3603.

[126] Fu J, Yang W, Hou L, et al. Enhanced electromagnetic microwave absorption performance of lightweight bowl-like carbon nanoparticles [J]. Ind. Eng. Chem. Res., 2017, 56 (40): 11460-11466.

[127] Wang Z, Zou J, Ding Z, et al. Magnetic and microwave absorption properties of Ni microcrystals with hierarchical branch-like and flowers-like shapes [J]. Mater. Chem. Phys., 2013, 142 (1): 119-123.

[128] Zhang N, Huang Y, Wang M, et al. Design and microwave absorption properties of thistle-like CoNi enveloped in dielectric Ag decorated graphene composites [J]. J. Colloid Interf. Sci., 2019, 534 (1): 110-121.

[129] Hou Z, Yin X, Xu H, et al. Reduced graphene oxide/silicon nitride composite for cooperative electromagnetic absorption in wide emperature spectrum with excellent thermal stability [J]. ACS Appl. Mater. Inter., 2019, 11 (5): 5364-5372.

[130] Zhao D, Zhang J, Li X, et al. Electromagnetic and microwave absorbing properties of Co-filled carbon nanotubes [J]. J. Alloys Compd., 2010, 505 (2): 712-716.

[131] Cornell R, Schwertmann U. The Iron Oxides: Structure, Properties, Reactions, Occurrences and Uses [M]. Weinheim: WILEY-VCH, 2003.

[132] Gu M, Yue B, Bao R, et al. Template synthesis of magnetic one-dimensional nanostructured spinel $MFe_2O_4$ (M = Ni, Mg, Co) [J]. Mater. Res. Bull., 2009, 44 (6): 1422-1427.

[133] 聂建华. 高性能 MnZn 铁氧体材制备及机理研究 [D]. 武汉: 华中科技大学, 2004.

[134] Liu P, Huang Y, Zhang X. Synthesis of graphene @ branching-like polypyrrole @ $CoFe_2O_4$ composites and their excellent electromagnetic wave absorption properties [J]. Mater. Lett., 2014, 136 (1): 298-301.

[135] Li Y, Yu M, Yang P, et al. Enhanced microwave absorption property of Fe nanoparticles encapsulated within reduced graphene oxide with different thicknesses [J]. Ind. Eng. Chem. Res., 2017, 56 (31): 8872-8879.

[136] Park J, An K, Hwang Y, et al. Ultra-large-scale syntheses of monodisperse nanocrystals [J]. Nat. Mater., 2004, 3 (12): 891-895.

[137] Xu C, Wang X, Yang L, et al. Fabrication of a graphene-cuprous oxide composite [J]. J. Solid State Chem., 2009, 182 (9): 2486-2490.

[138] Xu C, Wang X, Zhu J, et al. Deposition of $Co_3O_4$ nanoparticles onto exfoliated graphite oxide sheets [J]. J. Mater. Chem., 2008, 18 (46): 5625-5629.

[139] Stankovich S, Dikin D, Piner R, et al. Synthesis of graphene-based nanosheets via chemical reduction of exfoliated graphite oxide [J]. Carbon, 2007, 45 (7): 1558-1565.

[140] Lambert T, Chavez C, Hernandez-Sanchez B, et al. Synthesis and characterization of titania-graphene nanocomposites [J]. J. Phys. Chem. C, 2009, 113 (46): 19812-19823.

[141] Zou Y, Wang Y. Sn@CNT nanostructures rooted in graphene with high and fast i-storage capacities [J]. ACS Nano, 2011, 5 (10): 8108-8114.

[142] Lu L, Wang Y. Facile synthesis of graphene-supported shuttle and urchin-like CuO for high and fast Li-ion storage [J]. Electrochem Commun., 2012, 14 (1): 82-85.

[143] He H, Gao C. Supraparamagnetic, conductive, and processable multifunctional graphene nanosheets coated with high-density $Fe_3O_4$ nanoparticles [J]. ACS Appl. Mater. Inter., 2010, 2 (11): 3201-3210.

[144] Gu Y, Xu Y, Wang Y. Graphene-wrapped CoS nanoparticles for high-capacity ithium-ion storage [J]. ACS Appl. Mater. Inter., 2013, 5 (3): 801-806.

[145] Nethravathi C, Nisha T, Ravishankar N, et al. Graphene-nanocrystalline metal sulphide composites produced by a one-pot reaction starting from graphite oxide [J]. Carbon, 2009, 47 (8): 2054-2059.

[146] Jeong H, Lee Y, Lahaye R, et al. Evidence of graphitic AB stacking order of graphite oxides [J]. J. Am. Chem. Soc., 2008, 130 (4): 1362-1366.

[147] Bourlinos A, Gournis D, Petridis D, et al. Graphite oxide: chemical reduction to graphite and surface modification with primary aliphatic amines and amino acids [J]. Langmuir, 2003, 19 (15): 6050-6055.

[148] Zhao G, Lv H, Zhou Y, et al. Self-assembled sandwich-like MXene-derived nanocomposites for enhanced electromagnetic wave absorption [J]. ACS Appl. Mater. Inter., 2018, 10 (49): 42925-42932.

[149] Deng L, Han M. Microwave absorbing performances of multiwalled carbon nanotube composites with negative permeability [J]. Appl. Phys. Lett., 2007, 91 (2): 023119.

[150] Chiu S, Yu H, Li Y. High electromagnetic wave absorption performance of silicon carbide nanowires in the gigahertz range [J]. J. Phys. Chem. C, 2010, 114 (4): 1947-1952.

[151] Wang C, Han X, Xu P, et al. The electromagnetic property of chemically reduced graphene oxide and its application as microwave absorbing material [J]. Appl. Phys. Lett., 2011, 98 (7): 072906.

[152] Zhang X, Guan P, Dong X. Transform between the permeability and permittivity in the close-packed Ni nanoparticles [J]. Appl. Phys. Lett., 2010, 97 (3): 033107.

[153] Liu X, Li B, Geng D, et al. (Fe, Ni)/C nanocapsules for electromagnetic-wave-absorber

in the whole Ku-band [J]. Carbon, 2009, 47 (2): 470-474.

[154] Zhou J, He J, Li G, et al. Direct incorporation of magnetic constituents within ordered mesoporous carbon-silica nanocomposites for highly efficient electromagnetic wave absorbers [J]. J. Phys. Chem. C, 2010, 114 (17): 7611-7617.

[155] Zhao B, Shao G, Fan B, et al. Preparation and electromagnetic wave absorption of chain-like CoNi by a hydrothermal route [J]. J. Magn. Magn. Mater., 2014, 372 (12): 195-200.

[156] Zou C, Yao Y, Wei N, et al. Electromagnetic wave absorption properties of mesoporous $Fe_3O_4$/C nanocomposites [J]. Compos. Part B-Eng., 2015, 77 (8): 209-214.

[157] Wen F, Yi H, Qiao L, et al. Analyses on double resonance behavior on microwave magnetic permeability of multiwalled carbon nanotube composites containing Ni catalyst [J]. Appl. Phys. Lett., 2008, 92 (4): 042507.

[158] Das R, Alonso J, Porshokouh Z N, et al. Tunable High aspect ratio iron oxide nanorods for enhanced hyperthermia [J]. J. Phys. Chem. C, 2016, 120: 10086-10093.

[159] Zhang Y, Huang Y, Zhang T, et al. Broadband and tunable high-performance microwave absorption of an ultralight and highly compressible graphene foam [J]. Adv. Mater., 2015, 27: 2049-2053.

[160] Yang Y, Li M, Wu Y, et al. Nanoscaled self-alignment of $Fe_3O_4$ nanodiscs in ultrathin RGO films with engineered conductivity for electromagnetic interference shielding [J]. Nanoscale, 2016, 8: 15989-15998.

[161] Wu Y, Tan S, Zhao Y, et al. Broadband multispectral compatible absorbers for radar, infrared and visible stealth application [J]. Prog. Mater. Sci., 2023, 135: 101088.

[162] Yang H J, Cao W Q, Zhang D Q, et al. NiO hierarchical nanorings on SiC: enhancing relaxation to tune microwave absorption at elevated temperature [J]. ACS Appl. Mater. Interfaces, 2015, 7: 7073-7077.

[163] Wu T, Liu Y, Zeng X, et al. Facile hydrothermal synthesis of $Fe_3O_4$/C core-shell nanorings for efficient low-frequency microwave absorption [J]. ACS Appl. Mater. Interfaces, 2016, 8: 7370-7380.

[164] Yao L, Wang Y, Zhao J, et al. Multifunctional nanocrystalline-assembled porous hierarchical material and device for integrating microwave absorption, electromagnetic interference shielding, and energy storage [J]. Small, 2023: 2208101.

[165] Cao M S, Yang J, Song W L, et al. Ferroferric oxide/multiwalled carbon nanotube vs polyaniline/ferroferri oxide/multiwalled carbon nanotube multiheterostructures for highly effective microwave absorption [J]. ACS Appl. Mater. Interfaces, 2012, 4: 6949-6956.

[166] Cao M, Han C, Wang X, et al. Graphene nanohybrids: excellent electromagnetic properties

for the absorbing and shielding of electromagnetic waves [J]. J. Mater. Chem. C, 2018, 6: 4586-4602.

[167] Zhao Z, Zhang L, Wu H. Hydro/organo/iono gels: "controllable" electromagnetic wave absorbers [J]. Adv. Mater., 2022, 34: 2205376.

[168] Xu Z, Du Y, Liu D, et al. Pea-like Fe/$Fe_3C$ nanoparticles embedded in nitrogen-doped carbon nanotubes with tunable dielectric/magnetic loss and efficient electromagnetic absorption [J]. ACS Appl. Mater. Interfaces, 2019, 11: 4268-4277.

[169] Ni X, Ma J, Li J G, et al. Structure and microwave characteristics of Co/$TiO_2$ nanocomposites prepared by ball milling [J]. J. Nanosci. Nanotechnol., 2008, 8: 4470-4476.

[170] Zhao B, Shao G, Fan B B, et al. Facile synthesis of Ni/ZnO composite: morphology control and microwave absorption properties [J]. J. Magn. Magn. Mater., 2015, 382: 78-83.

[171] Wang H Y, Sun X B, Yang S H, et al. 3D ultralight hollow NiCo compound@MXene composites for tunable and high-efficient microwave absorption [J]. Nano-Micro Lett., 2021, 13: 206.

[172] Wu Z L, Wang Y P, Xiong Z K, et al. Core-shell magnetic $Fe_3O_4$@Zn/Co-ZIFs to activate peroxymonosulfate for highly efficient degradation of carbamazepine [J]. Appl. Catal. B, 2020, 277: 119136.

[173] Li N, Huang G W, Li Y Q, et al. Enhanced microwave absorption performance of coated carbon nanotubes by optimizing the $Fe_3O_4$ nanocoating structure [J]. ACS Appl. Mater. Interfaces, 2017, 9: 2973-2983.

[174] Kang Y, Li W, Ma T, et al. Microwave-constructed honeycomb architectures of h-BN/RGO nanohybrids for efficient microwave conversion [J]. Compos. Sci. Technol., 2019, 174: 184-193.

[175] Wu N, Lv H, Liu J, et al. Improved electromagnetic wave absorption of Co nanoparticles decorated carbon nanotubes derived from synergistic magnetic and dielectric losses [J]. Phys. Chem. Chem. Phys., 2016, 18: 31542-31550.

[176] Kim H M, Kim K, Lee C Y, et al. Electrical conductivity and electromagnetic interference shielding of multiwalled carbon nanotube composites containing Fe catalyst [J]. Appl. Phys. Lett., 2004, 84: 589-591.

[177] Lin H, Zhu H, Guo H, et al. Investigation of the microwave-absorbing properties of Fe-filled carbon nanotubes [J]. Mater. Lett., 2007, 16: 3547-3550.

[178] Zong M, Huang Y, Zhao Y, et al. Facile preparation, high microwave absorption and microwave absorbing mechanism of RGO-$Fe_3O_4$ composites [J]. RSC Adv., 2013, 3: 23638-23648.

[179] Wang Y, Hao G, Hui Z, et al. Facile Synthesis of anisotropic urchin-like Ni decorated reduced graphene oxide with enhanced impedance matching for effective electromagnetic wave absorption [J]. Mater Today Commun., 2022, 30: 103092.

[180] Zong M, Huang Y, Wu H, et al. One-Pot Hydrothermal synthesis of RGO/$CoFe_2O_4$ composite and its excellent microwave absorption properties [J]. Mater. Lett., 2014, 114: 52-55.

[181] Yao L, Cao W, Zhao J, et al. Regulating bifunctional flower-like $NiFe_2O_4$/graphene for green EMI shielding and lithium ion storage [J]. J. Mater. Sci. Technol., 2022, 127: 48-60.

[182] Li Z, Han X, Ma Y, et al. MOFs-derived hollow Co/C microspheres with enhanced microwave absorption performance [J]. ACS Sustainable Chem. Eng., 2019, 6: 8904-8913.

[183] Zhao H B, Fu Z B, Liu X Y, et al. Magnetic and conductive Ni/carbon aerogels toward high-performance microwave absorption [J]. Ind. Eng. Chem. Res., 2018, 57: 202-211.

[184] Novoselov K S, Mishchenko A, Carvalho A, et al. 2D materials and van der waals heterostructures [J]. Science, 2016: 353, 6298.

[185] Liang L L, Song G, Liu Z, et al. Constructing $Ni_{12}P_5$/$Ni_2P$ heterostructures to boost interfacial polarization for enhanced microwave absorption performance [J]. ACS Appl. Mater. Interfaces, 2020, 12: 52208-52220.

[186] Rehman S, Liu J, Fang Z, et al. Heterostructured $TiO_2$/C/Co from ZIF-67 frameworks for microwave-absorbing nanomaterials [J]. ACS Appl. Nano Mater., 2019, 2: 4451-4461.

[187] Liu P, Gao S, Liu X, et al. Rational construction of hierarchical hollow CuS @ $CoS_2$ nanoboxes with heterogeneous interfaces for high-efficiency microwave absorption materials [J]. Composites, Part B, 2020, 192: 107992-108001.

[188] Najafishirtari S, Guardia P, Scarpellini A, et al. The effect of Au domain size on the Co oxidation catalytic activity of colloidal Au-$FeO_x$ dumbbell-like heterodimers [J]. J. Catal., 2016, 338: 115-123.

[189] Yuan X, Chen Z, Huang B, et al. Potential applications of $MoS_2$/$M_2CS_2$ (M = Ti, V) heterostructures as anode materials for metal-ion batteries [J]. J. Phys. Chem. C, 2021, 125: 10226-10234.

[190] Britnell L, Ribeiro R, Eckmann A, et al. Strong light-matter interactions in heterostructures of atomically thin films [J]. Science, 2013, 340: 1311-1314.

[191] Yu Y, Hu S, Su L, et al. Equally efficient interlayer exciton relaxation and improved absorption in epitaxial and nonepitaxial $MoS_2$/$WS_2$ heterostructures [J]. Nano Lett., 2014, 15: 486-491.

[192] Chen P C, Liu M, Du J S, et al. Interface and heterostructure design in polyelemental

nanoparticles [J]. Science, 2019, 363: 959-964.

[193] Taniyama T, Wada E, Itoh M, et al. Electrical and optical spin injection in ferromagnet/semiconductor heterostructures [J]. NPG Asia Mater., 2011, 3: 65-73.

[194] Sun Y, Zhong W, Wang Y, et al. $MoS_2$ based mixed-dimensional van der waals heterostructures: a new platform for excellent and controllable microwave absorption performance [J]. ACS Appl. Mater. Interfaces, 2017, 9: 34243-34255.

[195] Ding F, Yang D, Tong Z, et al. Graphitic carbon vitride-based nanocomposites as visible-light driven photocatalysts for environmental purification [J]. Environ. Sci. Nano, 2017, 4: 1455-1469.

[196] Zhao S, Zhang Y, Zhou Y, et al. Facile One-step synthesis of hollow mesoporousg-$C_3N_4$ spheres with ultrathin nanosheets for photoredox water splitting [J]. Carbon, 2018, 126: 247-256.

[197] Han H, Lou Z, Wang P, et al. Synthesis of ultralight and porous magnetic g-$C_3N_4$/g-carbon foams with excellent electromagnetic wave (EMW) absorption performance and their application as a reinforcing agent for 3D printing EMW absorbers [J]. Ind. Eng. Chem. Res., 2020, 59: 7633-7645.

[198] Zhao Y, Zhang Y, Li R, et al. Facile synthesis of ultralight and porous melamine-formaldehyde (MF) resin-derive magnetic graphite-like $C_3N_4$/carbon foam with electromagnetic wave absorption behavior [J]. Crystals, 2020, 10: 656.

[199] Yu J, Wang K, Xiao W, et al. Photocatalytic reduction of $CO_2$ into hydrocarbon solar fuels over g-$C_3N_4$-Pt nanocomposite photocatalysts [J]. Phys. Chem. Chem. Phys., 2014, 16: 11492-11501.

[200] Sahoo R K, Chitumalla R K, Das A, et al. Scalable processing method using waste polystyrene to produce nitrogen-enriched porous carbon for boosting supercapacitor performance [J]. Mater. Lett., 2021, 300: 130-135.

[201] Choudhury B D, Lin C, Ali S M, et al. Carbon fibers coated with ternary Ni-Co-Se alloy particles as a low-cost counter electrode for flexible dye sensitized solar cells [J]. ACS Appl. Energy Mater., 2021, 4: 870-878.

[202] Daia Q, Tang J. The Optical and Magnetic Properties of CoO and Co nanocrystals prepared by a facile technique [J]. Nanoscale, 2013, 5: 7512-7519.

[203] Liu J, Zhang L, Wu H. Anion-doping-induced vacancy engineering of cobalt sulfoselenide for boosting electromagnetic wave absorption [J]. Adv. Funct. Mater., 2022, 32: 2200544.

[204] Qiu Y, Wen B, Yang H, et al. MOFs derived Co @ C @ MnO nanorods with enhanced interfacial polar-ization for boosting the electromagnetic wave absorption [J]. J. Colloid

Interface Sci. , 2021, 602: 242-250.

[205] Deng W, Li T, Li H, et al. Morphology modulated defects engineering from $MnO_2$ supported on carbon foam toward excellent electromagnetic wave absorption [J]. Carbon, 2023, 206: 192-200.

[206] Basu M, Zhang Z W, Chen C J, et al. $CoSe_2$ embedded in $C_3N_4$: an efficient photocathode for photoelectrochemical water splitting [J]. ACS Appl. Mater. Interfaces, 2016, 8: 26690-26696.

[207] Yan M, Jiang Q, Yang L, et al. Three-dimensional ternary hybrid architectures constructed from graphene, $MoS_2$ and graphitic carbon nitride nanosheets as efficient electrocatalysts for hydrogen evolution [J]. ACS Appl. Energy Mater. , 2020, 3: 6880-6888.

[208] Shang X, Yan K L, Rao Y, et al. In situ cathodic activation of V-incorporated $Ni_xS_y$ nanowires for enhanced hydrogen evolution [J]. Nanoscale, 2017, 9: 12353-12363.

[209] Wang Q, Shang L, Shi R, et al. NiFe layered double hydroxide nanoparticles on Co, N-codoped carbon nanoframes as efficient bifunctional catalysts for rechargeable Zinc-air batteries [J]. Adv. Energy Mater. , 2017, 7: 1700467.

[210] Liu K L, Wang F M, Xu K, et al. $CoS_{2x}Se_{2(1-x)}$ nanowire array: an efficient ternary electrocatalyst for the hydrogen evolution reaction [J]. Nanoscale, 2016, 8: 4699-4704.

[211] Wang X, Xie Y, Bateer B, et al. $CoSe_2$/N-doped carbon hybrid derived from ZIF-67 as high-efficiency counter electrode for dye-sensitized solar cells [J]. ACS Sustainable Chem. Eng. , 2019, 7: 2784-2791.

[212] Xia C, Jiang Q, Zhao C, et al. Selenide-based electrocatalysts and scaffolds for water oxidation applications [J]. Adv. Mater. , 2016, 28: 77-85.

[213] Zhou M, Wang J, Tan S, et al. Top-down construction strategy toward sustainable cellulose composite paper with tunable electromagnetic interference shielding [J]. Mater. Today Phys. , 2023, 31: 100962.

[214] Tonda S, Kumar S, Kandula S, et al. Fe-doped and-mediated graphitic carbon nitride nanosheets for enhanced photocatalytic performance under natural sunlight [J]. J. Mater. Chem. A, 2014, 2: 6772-6780.

[215] Zhang H, Lei L, Zhang X. One-step synthesis of cubic pyrite-type $CoSe_2$ at Low temperature for efficient hydrogen evolution reaction [J]. RSC Adv. , 2014, 4: 54344-54348.

[216] Hiramatsu M, Shiji K, Amano H, et al. Fabrication of vertically aligned carbon nanowalls using capacitively coupled plasma-enhanced chemical vapor deposition assisted by hydrogen radical injection [J]. Appl. Phys. Lett. , 2004, 84: 4708-4710.

[217] Choi H C, Jung Y M, Noda I, et al. A study of the mechanism of the electrochemical reaction

of lithium with CoO by two-dimensional soft X-ray absorption spectros copy (2D XAS), 2D raman and 2D heterospectral XAS raman correlation analysis [J]. J. Phys. Chem. B, 2003, 107: 5806-5811.

[218] He Y, Cai J, Zhang L, et al. Comparing two new composite photocatalysts, T-$LaVO_4$/g-$C_3N_4$ and m-$LaVO_4$/g-$C_3N_4$, for their structures and performances [J]. Ind. Eng. Chem. Res., 2014, 53: 5905- 5915.

[219] Liu Y, Hua X, Xiao C, et al. Heterogeneous spin states in ultrathin nanosheet inducing subtle lattice distortion for efficiently triggering hydro-gen evolution [J]. J. Am. Chem. Soc., 2016, 138: 5087-5092.

[220] Pu Z, Liu Q, Tang C, et al. $Ni_2P$ nanoparticle films supported on a Ti plate as an efficient hydrogen evolution cathode [J]. Nanoscale, 2014, 6: 11031-11034.

[221] Gu W, Ong S J H, Shen Y, et al. A lightweight, elastic, and thermally insulating stealth foam with high infrared-radar compatibility [J]. Adv. Sci., 2022, 9: 2204165.

[222] Wang H, Zhou Y, Xing H, et al. Construction of flower-like core-shell $Fe_3O_4$@2H-$MoS_2$ heterostructures: boosting the interfacial polarization for high-performance microwave absorption [J]. Ceram. Int., 2022, 48: 9918-9926.

[223] Wu F, Liu P, Wang J, et al. Fabrication of magnetic tubular fiber with multi-layer heterostructure and its microwave absorbing properties [J]. J. Colloid Interface Sci., 2020, 577: 242-255.

[224] Hong Y, Liu Y, Wu J, et al. Enhanced tunability of broadband microwave absorption for $MoSe_2$/$FeSe_2$ nanocomposites with a unique heterostructure [J]. Ind. Eng. Chem. Res., 2022, 61: 5807- 5815.

[225] Cui X, Liang X, Liu W, et al. Stable microwave absorber derived from 1D customized heterogeneous structures of $Fe_3N$@C [J]. Chem. Eng. J., 2020, 381: 122589.

[226] Qin M, Zhang L, Zhao X, et al. Lightweight Ni foam based ultra-broadband electromagnetic wave absorber [J]. Adv. Funct. Mater., 2021, 31: 2103436.

[227] Yin M Y, Wang X C, Mi W B, et al. A first-principles prediction on the magnetism in CoO with Co and O vacancies [J]. J. Alloys Compd., 2014, 610: 422.

[228] Ma X, Lv Y, Xu J, et al. A strategy of enhancing the photoactivity of g-$C_3N_4$ via doping of nonmetal elements: a first-principles study [J]. J. Phys. Chem. C, 2012, 116: 23485-23493.

[229] Liang H, Chen G, Liu D, et al. Exploring the Ni 3d orbital unpaired electrons induced polarization loss based on Ni single-atoms model absorber [J]. Adv. Funct. Mater., 2023, 33: 2212604.

[230] Liang X, Man Z, Quan B, et al. Environment-stable $Co_xNi_y$ encapsulation in stacked porous carbon nanosheets for enhanced microwave absorption [J]. Nano-Micro Lett., 2020, 12: 102.

[231] Liu X, Zhao Y, Yang X, et al. Porous $Ni_5P_4$ as a promising cocatalyst for boosting the photocatalytic hydrogen evolution reaction performance [J]. Appl. Catal., B, 2020, 275: 119144-119154.

[232] Xu Y, Schoonen M A A. The absolute energy positions of conduction and valence bands of selected semiconducting minerals [J]. Am. Mineral., 2000, 85: 543-556.

[233] Naseri A, Samadi M, Pourjavad A, et al. Graphitic carbon nitride ($g\text{-}C_3N_4$)-based photocatalysts for solar hydrogen generation: recent advances and future development directions [J]. J. Mater. Chem. A, 2017, 5: 23406-23433.

[234] Ding J, Wang L, Zhao Y, et al. Boosted interfacial polarization from multishell $TiO_2$@$Fe_3O_4$@PPy heterojunction for enhanced microwave absorption [J]. Small, 2019, 15: 1902885-1902894.

[235] Zhang Y, Tan S, Zhou Z, et al. Construction of $Co_2NiO_4$ @ $MnCo_2O_{4.5}$ nanoparticles with multi-plehetero-interfaces for enhanced electromagnetic wave absorption [J]. Particuology, 2023, 81: 86-97.